四川羌寨碉房碉楼抗震性能研究

陈臻林　胡　潇　高涌涛　谢　莉　著

科学出版社

北　京

内 容 简 介

本书对四川省理县桃坪羌寨碉房碉楼的抗震性能进行调查研究，首先对碉房碉楼进行抗震性能分析，讨论羌族建筑的概念设计，包括收分、鱼脊线、过江石等因素对结构多遇地震与罕遇地震作用下抗震性能的影响；然后对碉楼中的窗洞口大小、排列、形状进行抗震性能讨论；其次还讨论了不同加固方式对碉房抗震性能的影响，最终得到最优加固方案；最后对羌寨毛石砌体结构的黏结剂——黄泥进行各种试验改性研究与微观分析，得到黄泥的统一受压本构关系。

本书适合自然地理、地质工程、土木工程专业的高校师生及相关人员参考和阅读。

图书在版编目(CIP)数据

四川羌寨碉房碉楼抗震性能研究 / 陈臻林等著. -- 北京：科学出版社，2025.3. -- ISBN 978-7-03-081353-4

Ⅰ. TU352.11

中国国家版本馆 CIP 数据核字第 2025QG9817 号

责任编辑：莫永国 / 责任校对：彭　映
责任印制：罗　科 / 封面设计：义和文创

科 学 出 版 社 出版

北京东黄城根北街16号
邮政编码：100717
http://www.sciencep.com

成都锦瑞印刷有限责任公司 印刷
科学出版社发行　各地新华书店经销

*

2025 年 3 月第 一 版　　开本：787×1092 1/16
2025 年 3 月第一次印刷　　印张：13 1/2
字数：294 000
定价：148.00 元
(如有印装质量问题，我社负责调换)

前　　言

川西地区是中国西南重要的文化和地理区域，其独特的自然环境和历史背景孕育了丰富的少数民族建筑文化。其中，桃坪羌寨的碉房和碉楼作为羌族传统建筑的典型代表，不仅承载着深厚的历史文化价值，还展现了羌族人民在长期生产生活中积累的智慧与技艺。川西地区地处地震活跃带，历史上多次遭受强烈地震的破坏，桃坪羌寨的碉房和碉楼独特的生土石砌结构在长期的地震环境中表现出一定的抗震能力，但也暴露出传统建筑在抗震方面的诸多不足。

随着现代建筑技术的发展，传统建筑的抗震性能问题逐渐受到学术界和工程界的关注。如何在保留传统建筑风貌的同时，提升其抗震能力，是当前文化遗产保护和建筑工程领域中亟须解决的课题。本书通过物理试验与数值模拟相结合的方法，深入探讨了传统生土石砌结构在地震作用下的力学行为、破坏机理及抗震加固方法。本书研究重点聚焦于桃坪羌寨碉房和碉楼的抗震性能，旨在揭示传统建筑在地震作用下的力学行为，为类似建筑的抗震加固和修复提供科学依据。

本书以桃坪羌寨碉房和碉楼为研究对象，采用材料性能试验与有限元数值模拟相结合的方法，系统研究了其抗震性能。具体内容包括：

(1)材料力学性能试验研究：通过单轴抗压试验、直接剪切试验等，研究生土材料的力学性能和改性效果，为有限元模拟提供了准确的材料力学参数。

(2)结构动力特性与时程分析：利用有限元模拟，分析了碉房和碉楼在多遇地震和罕遇地震作用下的动力响应，探讨不同结构参数对整体建筑抗震性能的影响。

(3)结构抗震加固措施研究：提出钢筋网格加固等抗震加固方法，并通过有限元模拟验证了其有效性。

本书的完成离不开众多专家、学者和同行的支持与帮助。特别感谢成都理工大学以及地质灾害防治与地质环境保护全国重点实验室在研究过程中提供的学术支持与资源保障。感谢桃坪羌寨当地政府和居民在研究过程中提供的便利与支持，感谢团队成员在试验、模拟和分析中的辛勤付出。同时，感谢科学出版社编辑的精心审校和排版工作。

传统建筑的抗震性能研究是一个复杂而长期的课题，本书的研究成果仅为这一领域的初步探索。未来，我们将继续深入探讨传统建筑在地震作用下的力学行为，并结合现代技术手段，进一步优化抗震加固方法，为传统建筑的保护与传承贡献力量。

目　录

第1章 绪 论

1.1 桃坪羌寨抗震性能的研究背景

中国位于亚洲东部地区,处于环太平洋地震带和欧亚地震带之间,由于受太平洋板块、印度板块、菲律宾海板块及欧亚板块的挤压,地震断裂带一直十分活跃,地震频发(成斌,2015;常建军,2017)。据中国地震局统计可知,自 21 世纪初起,不到 20 年的时间,全球发生 4.0 级以上地震 4980 次,其中,7.0 级以上地震 180 次,8.0 级以上地震 12 次。中国发生 7.0 级以上地震共 11 次(表 1.1),其中 4 次地震受灾较严重,而有 3 次均发生在中国川西地区。

表 1.1 21 世纪初至今中国 7.0 级以上大地震

时间	地点	震级/级	死亡人数	经济损失
2001.11.14	新疆青海交界(新疆境内若羌)	8.1	不详	不详
2003.12.10	台湾台东近海	7.0	不详	不详
2008.3.21	新疆于田县	7.3	不详	不详
2008.5.12	四川省汶川县	8.0	69277 人	8451 亿元
2010.4.14	青海省玉树藏族自治州玉树县	7.1	2698 人	800 亿元
2011.11.8	东海海域	7.0	不详	不详
2013.4.20	四川省雅安市芦山县	7.0	96 人	500 亿元
2014.2.12	新疆于田县	7.3	不详	不详
2015.11.14	东海海域	7.2	不详	不详
2017.8.8	四川省阿坝州九寨沟县	7.0	25 人	1.1446 亿元
2021.5.22	青海果洛州玛多县	7.4	不详	不详

注: 数据来源于中国地震台网, https://www.ceic.ac.cn/history。

2008 年 5 月 12 日的四川汶川地震是 21 世纪中国最大的地震灾难。根据中国地震局的数据,此次地震的面波震级达 8.0Ms、矩震级达 8.3Mw,破坏范围超过 10 万 km^2;地震烈度可达到Ⅺ度,地震影响地区包括大半个中国和多个亚洲国家。汶川、映秀、都江堰等地多处房屋倒塌,但是离汶川县仅 16km 的理县桃坪羌寨却在这次地震中奇迹般幸存(傅雷等,2015)。桃坪羌寨中的三座碉楼除新修的一座彻底倒塌外,其余两座仅顶部受损,寨中 80%的碉房出现裂缝,部分出现垮塌的现象,但无一人在地震中死亡。据记载,桃坪羌寨经历过三次 7 级以上的大地震（1933 年叠溪 7.5 级大地震、1976 年松潘 7.2 级大地震以及 2008 年汶川 8.0 级大地震），但是川西桃坪羌寨均能在强震中较完好地保存下来，引发了众多学者对桃坪羌寨抗震性能的关注，也为本书对四川桃坪羌寨碉房碉楼抗震性能的调查研究提供了依据。

1.2　桃坪羌寨地理位置

桃坪羌寨（图 1.1）位于 103°27′54.744″N，31°33′41.4576″E，四川省阿坝藏族羌族自治州理县杂谷脑河畔桃坪乡，317 国道成阿公路旁，距离理县县城 40km，距汶川城区 18km，距成都市约 170km。该地属于四川省西北部高山和极高山区，位于岷江上游的杂谷脑河流域，地势坡度非常陡，高山深谷纵横交错。桃坪羌寨背山而建，依山上垒。几百年前的羌人为了躲避外族人的袭击，同时考虑到居住的安全性及生产生活的方便，他们将桃坪羌寨建在河谷地带及半山腰地带。桃坪羌寨紧邻龙门山断裂带，地质结构属龙门山断裂带中段，平均海拔 2700m，境内山峦起伏，大地构造部位上隶属于松潘-甘孜地槽褶皱带范畴，区内新构造运动主要表现为大面积整体性、间歇性抬升，场地地震烈度为Ⅶ度。桃坪羌寨所属的理县全县因海拔悬殊、地形复杂，气候差异显著，气候类型为山地型立体气候，冬季无霜时期较短，春夏季节降水量较多，年平均降水量为 650～1000mm，河谷地带年平均气温为 6.9～11℃。

(a) 桃坪羌寨左侧　　　　　　　　　　　　　　(b) 桃坪羌寨正面

图 1.1　桃坪羌寨

1.3　桃坪羌寨的历史及发展

桃坪羌寨离汶川城区 18km，寨内碉房依陡峭的山势自下而上修建，其间碉楼林立（图 1.2，图 1.3）。桃坪羌寨整个寨子是以水渠为中心发育成的村寨，具有十分完善的地下水网络，四通八达的道路与碉房（图 1.2）、碉楼（图 1.3）完美结合，使其享有"羌族建筑艺术活化石"和"最神秘的东方古堡"的美誉。桃坪羌寨历史悠久,整个寨子集中反映了民族、社会、政治、经济、文化、宗教、民众心理、建筑艺术等各个方面的历史变化,成为记录长期生活在桃坪羌寨的人们生存状态难得的历史遗产,具有很大的民族文化价值(李绍明,2006;李巧艺,2016)。

图 1.2　桃坪羌寨碉房　　　　　　　　　　　　图 1.3　桃坪羌寨碉楼

　　桃坪羌寨经历了多次地震,据史料记载,早在西汉时期四川地区就有关于地震的记载,唐宋时期可以考证的强震有 9 次,明代记录的四川西部强震有 8 次,清代有 21 次,民国至今四川地区也经历了 7 级以上的地震 5 次。2008 年汶川 8.0 级大地震后,我国政府迅速组织力量,于 2008 年 7 月 15 日启动桃坪羌寨"羌族碉楼与村寨抢救保护工程",先后投入 8000 万元资金用于老寨碉楼、寨门和暗道、地下水网等 113 个单元主体的修缮,组织培训当地 50 多名工匠参加桃坪羌寨修缮工程,在抢救保护桃坪羌寨的同时,使羌族传统建筑技艺得到传承。研究桃坪羌寨的文献资料很多,但主要集中在对其建筑文化、民族价值以及旅游等方面,对于桃坪羌寨结构抗震性能的研究却很少。川西桃坪羌寨因其独特的建造方式、特殊的结构形式,历经多次大地震后依然能够屹立不倒,值得科研工作者对其抗震性能展开深入的调查与研究(任祥道,2010)。

1.4　研究框架及内容

　　基于前文对桃坪羌寨的介绍,本书重点研究不同的结构形式和建筑材料对桃坪羌寨抗震性能的影响。本书的框架和内容如下所述。

　　桃坪羌寨采用了一些特殊的结构形式,如墙体收分、墙体布筋、墙体外的鱼脊线、联体砌墙方式等。这些特殊的结构形式影响着羌寨的抗震性能。因此,第 2 章首先对桃坪羌寨碉房墙体建筑材料生土和岩石进行基本力学性能试验,明确其基本力学参数;其次对碉房墙体进行抗剪性能分析;最后对地震作用下影响桃坪羌寨碉房结构抗震性能的三个因素(体量、墙体收分、共墙)进行分析,并提出相应的抗震加固措施。

　　为研究墙体收分、鱼脊线夹角和过江石对桃坪羌寨碉楼结构抗震性能的影响,第 3 章对 11 种收分率、9 种含鱼脊线夹角,以及 2 组含过江石的碉楼墙体在低周往复荷载作用下的受力性能进行分析。该章以桃坪羌寨整体碉楼结构为研究对象，建立五个整体碉楼结构模型，使用有限元方法对其进行动力时程分析及静力弹塑性分析，对比各个碉楼结构的抗震性能。第 3 章综合分析碉楼受力性能和施工难度等，提出更好的碉楼墙体参数。

桃坪羌寨碉楼墙上的门窗洞口位置不对称，窗口大小不一、窗洞口不规则且门窗洞口位置随意，这与碉楼结构的抗震性能有着直接联系。因此，第 4 章利用拟静力加载方法分析开洞率、开洞形状、洞口排列规则与否这三种因素对开洞墙体的影响，在地震波作用下分析这三种因素对整体开洞碉楼抗震性能的影响，并针对桃坪羌寨开洞碉楼提出开洞优化的相关建议。

桃坪羌寨位于中国四川省阿坝州理县境内，属于地震多发地带，在经历多次地震之后，寨中房屋都遭到了不同程度的破坏。因此，对桃坪羌寨碉房结构的抗震加固研究很有必要。第 5 章旨在通过钢筋网格加固的方式，研究其对碉房结构抗震性能的改善效果。第 5 章首先，对有限元理论进行介绍，并对模型进行验证；其次，对钢筋网格加固的墙体模型进行拟静力分析；最后，对整栋碉房在地震波作用下的抗震性能进行分析。

羌寨碉房以生土石砌体建筑为主，以石头和生土作为建筑材料，但生土材料为脆性材料，力学性能以及耐久性差，严重影响着当地建筑的抗震性能。为提高生土材料的强度及耐久性，第 6 章以川西桃坪羌寨的生土为试验对象，利用秸秆、淀粉、水泥、环氧树脂单因素改良川西地区的生土，结合川西地区少数民族民居建筑墙体存在的主要问题，针对改性生土试块的力学性能和耐久性展开相应的研究，同时通过电镜扫描对改性材料的作用机理进行分析，且根据既有的本构关系，提出适用于川西地区生土材料的本构关系模型。

第 7 章总结本书的主要研究成果和贡献，在此基础上提出了未来的研究方向。

第 2 章　桃坪羌寨碉房抗震性能研究

本章研究内容：①桃坪羌寨建筑材料生土和岩石基本力学试验研究。为了给后续有限元数值计算提供必要的参数，本章通过对从理县桃坪镇采集回来的生土和岩石样本进行基本力学试验，获得材料抗压强度、黏聚力、内摩擦角、泊松比、弹性模量等力学参数，并通过相关文献及规范计算出石砌体结构的相关参数。②桃坪羌寨碉房动力特性分析。本章通过对影响桃坪羌寨碉房抗震性能的三种因素(体量、墙体收分、共墙)建立有限元模型，对结构进行动力特性分析。③本章对小体量低层碉房和大体量多层碉房、碉房墙体未收分和收分、独栋碉房和共墙碉房进行多遇地震作用下的时程分析，对不同结构在多遇地震作用下的顶点位移和基底剪力进行对比，分析其抗震性能。④本章对小体量低层碉房和大体量多层碉房、碉房墙体未收分和收分、独栋碉房和共墙碉房进行罕遇地震作用下的时程分析，对其加速度及位移进行对比，分析其抗震性能。⑤本章通过调研及对桃坪羌寨碉房在地震作用下抗震性能的研究，结合现行相关规范，对如何提高桃坪羌寨碉房抗震性能提出相关建议。

2.1　桃坪羌寨碉房及其结构特征介绍

2.1.1　桃坪羌寨碉房

桃坪羌寨远望呈八卦形布局(图 2.1)，结构严谨，屋屋相连，户户相通，浑然一体，寨子靠山依坡逐渐上垒，或高或低。桃坪羌寨的建筑按照使用功能主要分为两类，即碉房和碉楼。桃坪羌寨碉房(图 2.2)主要用于居住和生活，根据每家建筑需求的不同建有 2~5 层，多为 3 层，底层作为牲口圈，第 2 层作为客厅和卧室，第 3 层一半作为保管室，另一半多为露天房顶，主要用于晒粮食。桃坪羌寨碉房分为集中修建和独立修建，集中修建的房屋主要靠共用一堵石砌体墙以及过街楼等连在一起，独立修建的独栋碉房主要因为水渠或道路导致其分开单独建设。从平面布置上看，碉房主要呈长方形或由长方形组成的组合几何形状，部分碉房因为地势影响，形状较不规则。

桃坪羌寨碉房在修建时，墙体基础一直挖到岩石层。桃坪羌寨碉房的修建流程为：首先，在原地面挖厚 1~2m 的基础沟；然后，用石块作砌块、生土作砂浆砌筑大约宽 1m 的基础；最后沿基础往上砌筑，每砌筑一层(大约 3m)，设置木梁，待墙体风干沉降几个月之后，继续向上砌筑。碉房根据其高度有 3°~8°的墙体收分，内墙垂直底面，外墙由底向上厚度逐渐减小。

图 2.1 桃坪羌寨全景图   图 2.2 桃坪羌寨碉房

2.1.2 桃坪羌寨碉房结构特征

根据现场调研可知，桃坪羌寨碉房承重结构体系主要分为墙体承重体系（图 2.3、图 2.4）和墙柱共同承重体系（图 2.5、图 2.6），其中以墙体承重体系为主。碉房墙体承重体系的荷载主要由内墙和外墙共同承担。外荷载通过楼板传递到木梁，然后再通过木梁传递给砌体墙，最后由墙体传递到地基。

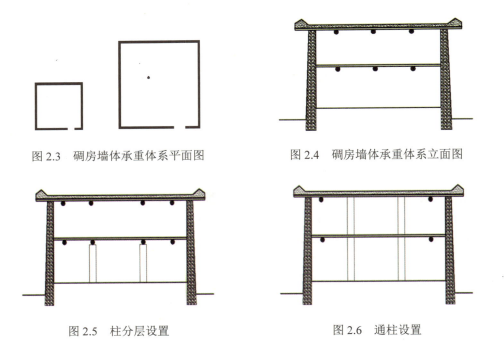

图 2.3 碉房墙体承重体系平面图   图 2.4 碉房墙体承重体系立面图

图 2.5 柱分层设置   图 2.6 通柱设置

墙柱共同承重体系主要分为两种：一种是柱分层设置（图 2.5），另一种是通柱设置（图 2.6）。柱分层设置是指按照楼层设置柱，一般楼层层高较矮、开间较大的房屋采用此方法布置柱。通柱，指的是木柱由底面直接到顶面。柱分层设置的碉房所承受的外荷载通过楼板传递到梁，梁传递到柱和石砌体墙，最后传递到基础；设置通柱的碉房所承受的外荷载主要通过楼板传递到柱、梁和墙体，最后传递到地基。

2.2　材料力学性能试验以及模型的建立

2.2.1　材料力学性能试验

2.2.1.1　生土的力学性能试验

图 2.7 与图 2.8 为桃坪羌寨附近采集的生土和岩石样本。

图 2.7　生土样本　　　　　　　　　　　　　　　图 2.8　岩石样本

1. 生土立方体抗压强度试验

（1）试验目的：通过生土立方体抗压强度试验测得生土的抗压强度。

（2）试验设备如表 2.1 所示。

表 2.1　生土立方体抗压强度试验设备表

设备名称	量程(尺寸)	精度
小型搅拌机	10kg	0.1kg
试验模具	70.7mm×70.7mm×70.7mm	不平度每 100mm 不超过 0.05mm，相邻面不垂直度不超过±0.5°
压力试验机	5t	精度为 0.1%，压力机量程的 20%≤破坏荷载＜全量程的 80%
垫板	100mm×100mm	不平度每 100mm 不超过 0.02mm
振动台	垂直振幅为 (0.5±0.5) mm 空载频率为 (50±3) Hz	空载台面振幅均匀度≤10%

（3）生土立方体抗压强度试验数据如表 2.2 所示。

表 2.2   生土立方体抗压强度试验数据

编号	承压面积/(mm×mm)	龄期/d	荷载/N	抗压强度/MPa	抗压强度平均值/MPa
1	70.2×70.0		1466.0	0.298	
2	69.6×70.6		1762.5	0.359	
3	69.9×70.5	32	1685.5	0.342	0.311
4	70.2×70.0		1470.0	0.299	
5	70.4×70.3		1345.0	0.272	
6	70.5×69.7		1463.0	0.298	

2. 生土的直接剪切(简称"直剪")试验

(1)试验目的：通过直剪试验测得生土的剪切变形曲线，并计算生土的黏聚力和内摩擦角。

(2)试验设备：应变控制式直剪仪、环刀(土样面积为 30cm², 高度为 20mm)、天平(量程为 200g，精确到 0.01g)、刀等。

(3)试验结果和数据处理：垂直压力选择 50kPa、100kPa、150kPa、200kPa，通过试验数据，绘制剪应力 τ 与剪切位移 L 的关系曲线图，如图 2.9 所示。

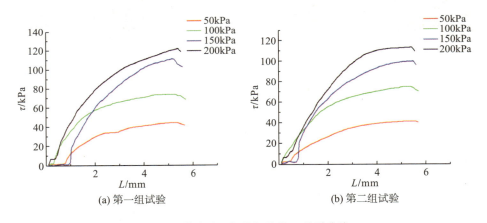

图 2.9   剪应力 τ 与剪切位移 L 关系曲线

通过两组试验结果可得到垂直压力 σ 与剪应力 τ 的关系式[式(2.1)，式(2.2)]，其关系曲线如图 2.10 所示。由图 2.10 可知，σ 与 τ 呈线性关系。根据图 2.10 可以得到生土试样的黏聚力和内摩擦角，如表 2.3 所示。

第一组试验：

$$\tau = 0.5422\sigma + 20.245 \tag{2.1}$$

第二组试验：

$$\tau = 0.5481\sigma + 21.735 \tag{2.2}$$

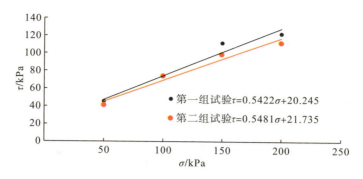

图 2.10　垂直压力 σ 与剪应力 τ 的关系

表 2.3　黏聚力和内摩擦角

试验分组	黏聚力 c/kPa	内摩擦角 φ /(°)
第一组	20.245	28.47
第二组	21.735	25.67

2.2.1.2　石材的力学性能试验

1. 岩石单轴压缩试验

(1)试验目的：获得岩石的抗压强度、泊松比及弹性模量。
(2)试验设备：多功能电液伺服试验机。
(3)试验结果如表 2.4 所示。

表 2.4　岩石单轴压缩试验结果

编号	τ/MPa	τ 平均值/MPa	弹性模量/GPa	弹性模量平均值/GPa	泊松比	泊松比平均值
1	27.53		6.25		0.31	
2	18.23	23.37	4.68	5.68	0.16	0.25
3	24.36		6.12		0.28	

2. 岩石三轴压缩试验

(1)试验目的：获得黏聚力 c 和内摩擦角 φ。
(2)试验结果和数据处理：岩石三轴压缩试验结果如表 2.5 所示，通过计算可取抗压强度平均值为 71.5MPa。

表 2.5　岩石三轴压缩试验结果

编号	围压/MPa	抗压强度/MPa	平均值/MPa
1	5	95.8	
2	5	84.6	88.37(含杂质较多)
3	5	84.7	

续表

编号	围压/MPa	抗压强度/MPa	平均值/MPa
4	10	45.3	
5	10	61.2	54.53
6	10	57.1	
7	15	25.63	
8	15	62.8	62.7(去除 7 号)
9	15	62.6	
10	20	69.7	80.6
11	20	91.5	

黏聚力 c 为

$$c = \frac{\sigma_c(1-\sin\varphi)}{2\cos\varphi} \tag{2.3}$$

内摩擦角 φ 为

$$\varphi = \sin^{-1}\frac{m-1}{m+1} \tag{2.4}$$

式中，σ_c 为曲线在纵坐标上的截距（MPa）；m 为曲线斜率。

以 σ_1 为纵坐标、σ_3 为横坐标绘制关系曲线拟合直线图，再通过曲线斜率求出 c、φ值。由图 2.11 可得，岩石的黏聚力 c=8300kPa，内摩擦角 φ=26.1°。

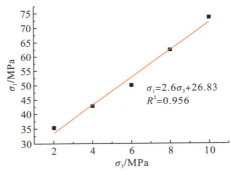

图 2.11　σ_1 与 σ_3 关系曲线拟合直线图

注：σ_1 为最大主应力，轴向最大压应力；σ_3 为最小主应力，侧向围压。

2.2.2　模型材料参数的确定

本章结构模型材料参数主要通过材料性能试验结果与相关文献计算得到。石砌体的轴心抗压强度平均值 f_m 由《砌体结构设计规范》（GB 50003—2011）计算得到，f_m=0.945MPa。经现场调研可知，石砌体墙中石材与生土体积比约为 3:1，通过样品测得生土的密度为1737kg/m³，石材密度为2738kg/m³，由此可知石砌体墙密度 $\rho_{总}$=2487kg/m³。

许克宾和季文玉（1997）提出不同石砌块厚度与灰缝厚度下石砌体弹性模量与砂浆弹

性模量的关系，公式如下：

$$E_f = \frac{10^4}{3 + \dfrac{48}{f_2}} \tag{2.5}$$

式中，E_f 为石砌体弹性模量；f_2 为砂浆弹性模量。

生土平均抗压强度为 0.404MPa，弹性模量为 80MPa。不同灰缝厚度与砌块厚度时砌体的弹性模量如表 2.6 所示。经调研可知，砌块厚度为 10cm，灰缝厚度为 1cm。因此，砌体的弹性模量为 $11.0E_f$，取值 903MPa。泊松比根据生土与石材力学性能试验综合取 0.2。其他参数根据上述试验获取。

表 2.6   不同灰缝厚度与砌块厚度时砌体的弹性模量   （单位：MPa）

灰缝厚度/cm	砌块厚度/cm			
	10	15	20	25
1	$11.0E_f$	$16.0E_f$	$21.0E_f$	$26.0E_f$
2	$6.0E_f$	$8.5E_f$	$11.0E_f$	$13.5E_f$
3	$4.3E_f$	$6.0E_f$	$7.7E_f$	$9.2E_f$
4	$3.5E_f$	$4.75E_f$	$6.0E_f$	$7.25E_f$

2.2.3   桃坪羌寨碉房材料有限元本构关系

ABAQUS、ANSYS、MSC 和 ADINA 等都是国内外较主流的有限元分析通用软件，其中 ABAQUS 软件可以分析复杂的结构力学系统问题，在求解非线性问题时具有非常明显的优势，特别是能够驾驭庞大而复杂的计算问题和模拟高度非线性问题，且计算收敛速度较快。因此，本章选择采用 ABAQUS 软件对碉房进行有限元模拟计算分析（Corradi et al.，2003；Gattesco and Boem，2017）。

2.2.3.1   砌体单轴受压本构关系

本章采用杨卫忠（2008）提出的砌体单轴受压本构关系公式[式（2.6）～式（2.8）]，其单轴受压本构关系曲线如图 2.12 所示。

$$\frac{\sigma}{f_{cm}} = \frac{\eta}{1 + (\eta - 1)(\varepsilon / \varepsilon_{cm})^{\eta/(\eta-1)}} \cdot \frac{\varepsilon}{\varepsilon_{cm}} \tag{2.6}$$

$$X = \frac{\varepsilon}{\varepsilon_{cm}} \tag{2.7}$$

$$Y = \frac{\sigma}{f_{cm}} \tag{2.8}$$

式中，f_{cm} 为砌体受压应力-应变曲线峰值点对应的应力；ε_{cm} 为砌体受压应力-应变曲线峰值点应变；η 为初始切线模量与峰值割线模量的比值；σ 为砌体单轴受压的应力；ε 为砌体单轴受压的应变。

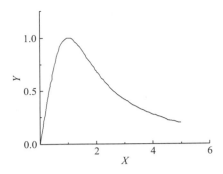

图 2.12　单轴受压本构关系曲线

2.2.3.2　砌体单轴受拉本构关系

由于砌体轴心受拉强度非常低，其破坏形式为脆性破坏。砌体材料在受拉破坏过程中，主要破坏特征为灰缝开裂。砌体在灰缝开裂之前强度达到峰值，但是灰缝一旦开裂，砌体的强度就会迅速下降。由此，混凝土的受拉破坏形式和砌体材料的受拉破坏形式十分相近（Lourenco and Ramos，2004；Corradi and Borri，2018）。因此，本章采用混凝土的单轴受拉本构关系来表示砌体结构的单轴受拉本构关系，根据《混凝土结构设计规范》（GB 50010—2010）提供的混凝土受拉应力-应变曲线，砌体受拉本构关系曲线如图 2.13 所示，其受拉本构关系公式如式（2.9）～式（2.12）所示。

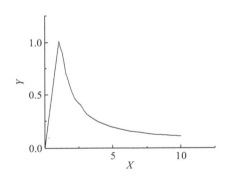

图 2.13　砌体受拉本构关系曲线

$$\begin{cases} \dfrac{\sigma}{f_{tm}} = \dfrac{\varepsilon}{\varepsilon_{tm}}, & \dfrac{\varepsilon}{\varepsilon_{tm}} \leqslant 1 \\[4mm] \dfrac{\sigma}{f_{tm}} = \dfrac{\varepsilon/\varepsilon_{tm}}{\alpha_t \left(\dfrac{\varepsilon}{\varepsilon_{tm}} - 1 \right)^{1.7} + \varepsilon/\varepsilon_{tm}}, & \dfrac{\varepsilon}{\varepsilon_{tm}} > 1 \end{cases} \tag{2.9}$$

$$\alpha_t = 0.312 f_{tm}^2 \tag{2.10}$$

$$X = \frac{\varepsilon}{\varepsilon_{tm}} \tag{2.11}$$

$$Y = \frac{\sigma}{f_{tm}} \tag{2.12}$$

式中，α_t 为单轴受拉应力-应变曲线下降段的参数值，取 2 时下降段能较好吻合；f_{tm} 为砌体结构受拉应力-应变曲线峰值点对应的应力；ε_{tm} 为砌体结构受拉应力-应变曲线峰值点对应的应变。

2.2.4 桃坪羌寨碉房结构震害分析

通过桃坪羌寨碉房现场调研，并结合徐学书和喇明英(2009)、蔡曼姝(2011)、熊学玉和余思瑾(2012)在汶川地震后对桃坪羌寨碉房震害的统计分析，碉房破坏有如下特点。

(1)小体量低层碉房(图 2.14)损毁程度轻于大体量多层碉房(图 2.15)，这主要由于小体量低层碉房横纵墙之间间隔较小，房屋整体性较好，房屋刚度相对较好。

图 2.14 小体量低层碉房   图 2.15 大体量多层碉房

(2)碉房墙体有收分(图 2.16)的损毁程度轻于碉房墙体未收分，墙体收分度数越大，碉房损毁程度越轻。桃坪羌寨碉房墙体由石砌体修建而成，其墙体厚度大，自重大，但由于采用收分技术，墙体整体自重减轻、重心降低，提高了墙体的稳定性；而且，墙体收分，内墙垂直，外墙内倾，使墙体获得一个由外向内的力，使地震作用下墙体不容易向外倒塌，内墙由墙体和梁共同支撑，也不易朝内倒塌，由此震害情况较未收分结构轻。

(3)共墙碉房群(图 2.17)的损毁程度轻于独栋的碉房。碉房共墙修建是指将多个碉房靠共用墙体的方式形成一个群体，墙体之间互相支撑，碉房整体性较好，结构更加稳固，抗震性能好。独栋碉房由于没有更多墙体互相支撑，整体性差，地震中损毁较严重。

(4)采用黏性好的纯净生土(图 2.18)修建的碉房，损毁程度轻于使用不纯净的夹砂石生土(图 2.19)修建的碉房。由于时间长久，夹砂石生土砂浆脱落严重，灰缝产生破坏；并且，由于夹砂石生土比较松软，黏合力较差，地震产生的水平剪力导致碉房墙体的抗剪能力较弱，在地震中容易出现剪切脆性破坏。黏性好的纯净生土，韧性好、黏合力较强，表面脱落较少，地震作用下生土能更好地发挥黏结剂的作用，墙体虽然产生裂缝，但不至于倒塌，使得碉房破坏程度较轻。

图 2.16　碉房墙体有收分

图 2.17　共墙碉房群

图 2.18　纯净生土作为黏结砂浆

图 2.19　不纯净的夹砂石生土作为黏结砂浆

(5)有鱼脊线(图 2.20 和图 2.21)的碉房,其震损程度轻于无鱼脊线的碉房。在桃坪羌寨外墙墙体修砌鱼脊线凸棱墙脊使得墙体表面不平整,且一般较高墙体才会设置。墙体设置的鱼脊线也称为外墙加角技术,主要是为了满足结构强度需求设计的加强技术性保障。通过加角来增强墙体稳定性,从横截面看,形成三角形状,为石墙增加了支撑,在地震中,耗能效果明显,抗震效果较好。

图 2.20　碉房、碉楼鱼脊线

图 2.21　鱼脊线细节

(6)墙体预留放置木梁的洞口深度不一,多数木梁是直接置在墙体预留洞口里面,如图 2.22 所示;部分木梁有木销锁于洞口,但由于年代久远,大多数木销已经腐朽,如图 2.23 所示。在地震中,没有放置销钉的木梁极易从洞口脱落,导致整体结构稳定性失效。

图 2.22　无木销梁

图 2.23　有木销梁

(7)桃坪羌寨部分墙体横纵墙之间没有咬接,如图 2.24 所示,这是因为以前人们在建碉楼的时候非常随性,没有统一设计,由此导致新建墙体只能倚墙而建。地震中,墙体缺少相互拉结,导致墙体之间互相碰撞,更容易被破坏。

(a)墙体无连接

(b)墙体直接靠拢

图 2.24　纵横墙无咬接

(8)部分桃坪羌寨碉房楼层较高,虽然都是以长方形为主,但是很多碉房都出现半层和突出的露台(图 2.25),导致整体碉房产生刚度突变,在地震作用下,容易产生大变形。

(9)女儿墙(图 2.26)的高度不一,最高为 700mm。地震作用下,女儿墙由于鞭梢作用,加速度和位移较大,在地震作用下破坏较严重,抗震能力较差。

图 2.25　碉房突出露台

图 2.26　碉房女儿墙

（10）桃坪羌寨碉房设置的门窗洞口位置不对称，窗口大小不一、窗洞口不规则且门窗洞口位置随意，如图 2.27 所示。地震作用下，由于洞口不对称，受力不均，容易产生开裂。而且，应力易在洞口角集中，产生从洞口角向外延伸的裂缝，如图 2.28 所示。

图 2.27   窗洞大小不均匀   图 2.28   窗角裂缝

本章基于现场调研及相关文献，发现体量、墙体收分与共墙三个因素对桃坪羌寨碉房抗震性能影响较大。因此，本章选取小体量低层碉房与大体量多层碉房、碉房墙体未收分与收分、独栋碉房与共墙碉房，分别对其进行对比分析，研究上述因素对桃坪羌寨碉房抗震性能的影响。

2.2.5   桃坪羌寨碉房结构

2.2.5.1   碉房结构原模型

本节将桃坪羌寨余继忠碉房作为研究对象，余继忠碉房总共三层，墙体收分，图 2.29 和图 2.30 为余继忠碉房平面图和立面图，第三层只有部分墙体围合。碉房总高 9.2m，其中第一层高 2.95m，第二层高 3.55m，第三层高 2.7m。

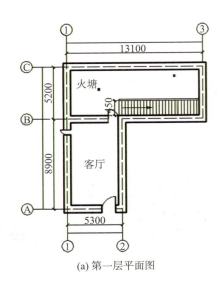 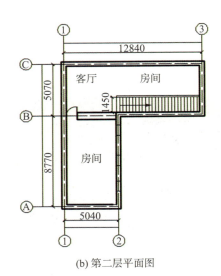

(a) 第一层平面图   (b) 第二层平面图

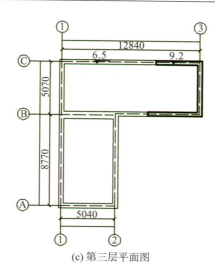

(c) 第三层平面图

图 2.29　桃坪羌寨余继忠碉房平面图(单位：mm)

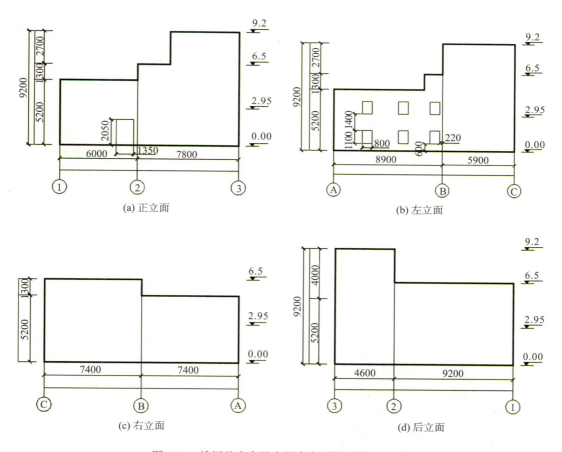

(a) 正立面　　　　　　　　　　　　　(b) 左立面

(c) 右立面　　　　　　　　　　　　　(d) 后立面

图 2.30　桃坪羌寨余继忠碉房立面图(单位：mm)

2.2.5.2　不同影响因素下的碉房结构模型

1. 小体量低层碉房和大体量多层碉房

本节建立的桃坪羌寨小体量低层碉房和大体量多层碉房结构模型均源于余继忠碉房，在数值计算时未考虑门窗洞口、楼梯及附属结构等。大体量多层碉房为余继忠老宅原型，小体量低层碉房仅为一层。模型分别如图 2.31 和图 2.32 所示。

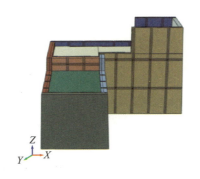

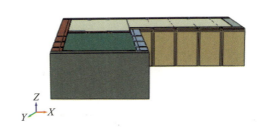

图 2.31　大体量多层碉房（余继忠老宅原型）　　　　图 2.32　小体量低层碉房

2. 碉房墙体收分与未收分

通过现场调研可知，桃坪羌寨碉房墙体有未收分结构与收分结构（图 2.33）。未收分结构指的是墙体从底面到顶面厚度都一样。收分结构指的是碉房外墙厚度按照一定的比例从下到上缩小，内墙则呈垂直状，不做收分，如图 2.34 所示。收分的目的是减轻墙体的自重、降低碉房本身的重心和增加墙体从外朝内的支撑。外墙的收分比例主要由墙体的高度而定，由于过去建碉房时，不绘图不吊线，其收分主要根据当地匠人经验而定，一般收分比例为 3°～8°。经现场测量及统计，其收分比计算公式为

$$收分比 = \frac{下墙厚度 - 上墙厚度}{墙体高度}$$

(2.13)

本节模型如图 2.35 和图 2.36 所示。

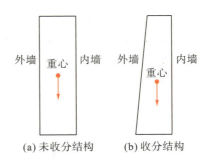

图 2.33　碉房墙体收分结构　　　　图 2.34　墙体未收分结构和收分结构示意图

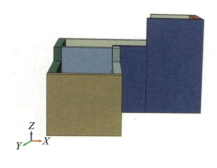

图 2.35　碉房墙体未收分模型

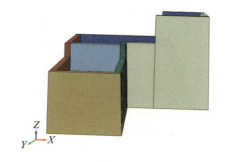

图 2.36　碉房墙体收分模型

3. 共墙碉房

通过调研及相关资料记载可知,桃坪羌寨大多数碉房是依靠共墙修建,个别单独成栋。共墙碉房在地震中震损情况较独栋碉房轻。本章主要考虑独栋碉房和共墙碉房的抗震性能,所以为了使模型尽可能方便计算,不考虑木梁、木楼板门窗洞口及墙体收分的影响,同样以余继忠碉房为原型建立模型。独栋碉房采用桃坪羌寨墙体未收分结构同一个模型,如图 2.37 所示,共墙碉房模型如图 2.38 所示。

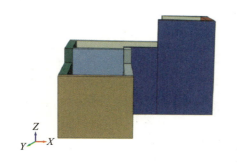

图 2.37　独栋碉房

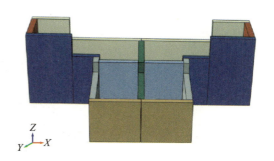

图 2.38　共墙碉房

2.2.6　碉房模型的建立

1. 模型的建立

本书以桃坪羌寨大体量多层碉房(图 2.39)为例来阐述模型的建立,其余模型都按照同样的方法建立。其中,墙体与墙体、墙体与木梁、木梁与木板之间在软件中都是以绑定模拟实际情况(此处模拟考虑墙体与墙体之间有咬接)。本构关系及材料参数见 2.3 节和 2.4 节。

2. 边界条件与荷载

对碉房进行地震作用下时程分析时,碉房底端固定并在模型底面施加 X 方向和 Y 方向地震波,其边界条件布置如图 2.40 所示。

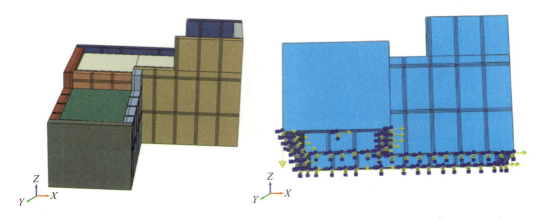

图 2.39　大体量多层碉房　　　　　　图 2.40　大体量多层碉房时程分析边界条件

3. 划分网格

各部件网格大小及单元类型如表 2.7 所示，模型网格划分如图 2.41 所示。

表 2.7　网格大小及单元类型

元素	一般墙体	关键位置墙体	木梁	木楼板
单元类型		C3D8R		
单元大小/mm	300	100	100	300

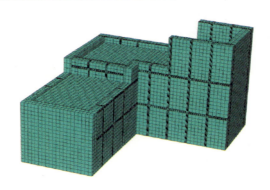

图 2.41　模型网格划分

2.3　碉房动力特性分析

2.3.1　小体量低层碉房与大体量多层碉房

对小体量低层碉房与大体量多层碉房进行有限元模拟模态分析，得到其结构前三阶自振特性如表 2.8 所示，并提取结构的前三阶振型，如图 2.42 和图 2.43 所示。

表 2.8　桃坪羌寨碉房小体量低层碉房和大体量多层碉房自振特性对比

结构类型	振型/阶	频率/Hz	周期/s	振型特征
小体量低层碉房	一	10.1400	0.0986	沿 Y 方向平动
	二	11.1680	0.0895	沿 X 方向平动
	三	12.3510	0.0810	沿 Y 方向平动伴有扭转
大体量多层碉房	一	3.4860	0.2869	沿 Y 方向平动
	二	5.9385	0.1684	沿 X、Y 方向平动
	三	6.3397	0.1577	沿 X、Y 方向平动伴有扭转

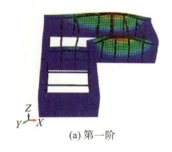 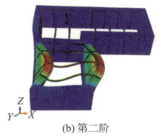 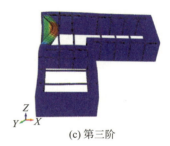

(a) 第一阶　　　　　　　　(b) 第二阶　　　　　　　　(c) 第三阶

图 2.42　小体量低层碉房前三阶振型

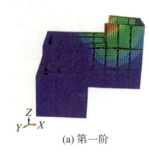 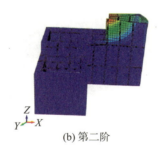 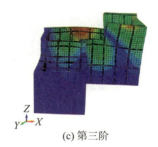

(a) 第一阶　　　　　　　　(b) 第二阶　　　　　　　　(c) 第三阶

图 2.43　大体量多层碉房前三阶振型

通过对桃坪羌寨小体量低层碉房模态分析可得其结构自振周期 $T_1=0.0986\text{s}$。前三阶振型为沿 Y 方向平动，沿 X 方向平动，沿 Y 方向平动伴有扭转。对大体量多层碉房模态分析可得其结构自振周期 $T_2=0.2869\text{s}$，提取大体量多层碉房结构的前三阶振型，前三阶振型为沿 Y 方向平动，沿 X、Y 方向平动，沿 X、Y 方向平动伴有扭转。这表明桃坪羌寨小体量低层碉房和大体量多层碉房在地震作用下以剪切变形为主，并伴随空间扭转，符合施养杭(1994，1999，2006)总结的石砌体结构的动力特征。由于大体量多层碉房结构体型不规则，结构的刚度和质量分布不均匀，结构频率和变形差异较大，尤其是不规则的部位，产生较大的变形。

2.3.2 碉房墙体未收分与收分

对桃坪羌寨碉房墙体未收分结构与收分结构进行有限元模拟模态分析，得到其结构前三阶振型的自振特性如表 2.9 所示，提取碉房墙体未收分结构和收分结构的前三阶振型，如图 2.44 和图 2.45 所示。通过对碉房墙体未收分结构进行模态分析可得其结构自振周期 T_3=0.3836s。前三阶振型为沿 Y 方向平动，沿 Y 方向平动，沿 X、Y 方向平动伴有扭转。墙体收分结构自振周期 T_4=0.4395s。前三阶振型为沿 Y 方向平动，沿 Y 方向平动，沿 X、Y 方向平动并伴有扭转。这表明桃坪羌寨未收分碉房在地震作用下以剪切变形为主。

表 2.9　墙体未收分结构与收分结构自振特性对比

结构类型	振型/阶	频率/Hz	周期/s	振型特征
墙体未收分结构	一	2.6068	0.3836	沿 Y 方向平动
	二	3.4246	0.2920	沿 Y 方向平动
	三	4.5302	0.2207	沿 X、Y 方向平动伴有扭转
墙体收分结构	一	2.2753	0.4395	沿 Y 方向平动
	二	2.9236	0.3420	沿 Y 方向平动
	三	3.8154	0.2621	沿 X、Y 方向平动伴有扭转

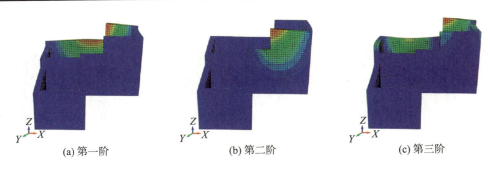

(a) 第一阶　　　　　(b) 第二阶　　　　　(c) 第三阶

图 2.44　碉房墙体未收分结构前三阶振型

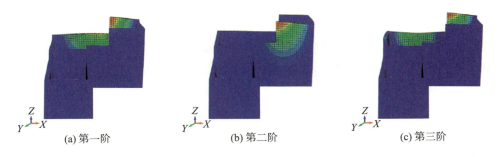

(a) 第一阶　　　　　(b) 第二阶　　　　　(c) 第三阶

图 2.45　碉房墙体收分结构前三阶振型

2.3.3　独栋碉房与共墙碉房

独栋碉房同碉房墙体未收分结构，此处不再单独进行分析，其结构前三阶振型的频率和周期及振型特征如表 2.10 所示，提取共墙碉房结构的前三阶振型，如图 2.46 所示。通过对桃坪羌寨共墙碉房进行模态分析提取其结构自振周期 T_5=0.3893s。前三阶振型为沿 Y 方向平动，沿 Y 方向平动，沿 X、Y 方向平动伴有扭转。这表明桃坪羌寨小体量多层碉房在地震作用下以剪切变形为主，并伴有扭转。

表 2.10　独栋碉房和共墙碉房频率和周期及振型特征对比

结构类型	振型/阶	频率/Hz	周期/s	振型特征
独栋碉房	一	2.6068	0.3836	沿 Y 方向平动
	二	3.4246	0.2920	沿 X 方向平动
	三	4.5302	0.2207	沿 X、Y 方向平动伴有扭转
共墙碉房	一	2.5690	0.3893	沿 Y 方向平动
	二	2.7256	0.3669	沿 Y 方向平动
	三	3.4731	0.2879	沿 X、Y 方向平动伴有扭转

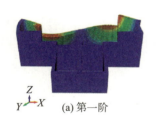 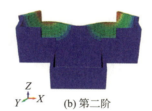 

(a) 第一阶　　　　(b) 第二阶　　　　(c) 第三阶

图 2.46　共墙碉房前三阶振型

2.4　多遇地震作用下桃坪羌寨碉房时程分析

本节主要讨论桃坪羌寨小体量低层碉房和大体量多层碉房、碉房墙体未收分结构和收分结构、独栋碉房和共墙碉房在多遇地震作用下的动力响应，通过分析位移响应和基底剪力，对桃坪羌寨碉房不同结构的抗震性能进行分析比较。

2.4.1　地震波的选取

对结构进行动力时程分析时，所选择的加速度时程曲线应该包括该地震记录最强的时段，并尽量选择较长的持续时间（Wang and Hsu，2001；Senthivel and Loueence，2009）。

一般情况下，选择加速度时程曲线的持续时间不少于结构基本周期的 10 倍，并且不应小于 10s。

本节所选的桃坪羌寨碉房位于四川省阿坝州理县，该地建筑场地类别为 II 类场地，抗震设防烈度为Ⅶ度，设计基本地震加速度值为 0.15g，设计地震分组为第二组，特征周期为 0.4s。由于桃坪羌寨离龙门山地震带较近，且曾经遭受过"5·12"汶川地震(后文简称"汶川地震")，为了研究桃坪羌寨碉房石砌体结构在汶川地震作用下的动力响应，所以选择汶川波(图 2.47)。

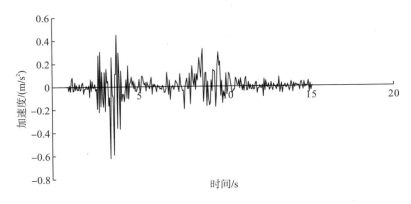

图 2.47　汶川波加速度时程曲线

根据《建筑抗震设计规范》(GB 50011—2010)，对所选地震波按式(2.14)进行调整，其加速度时程最大值采用表 2.11。

$$A'(t) = \frac{A'_{\max}}{A_{\max}} A(t) \tag{2.14}$$

式中，$A(t)$ 为原始地震加速度时程曲线；$A'(t)$ 为调整后加速度时程曲线；$A_{\max}$ 为原始地震峰值加速度；$A'_{\max}$ 为按规范调整后峰值加速度。

表 2.11　时程分析所用地震加速度时程最大值　　　　　　　　(单位：cm/s²)

类型	地震烈度/度			
	VI	VII	VIII	IX
多遇地震	18	35(55)	70(110)	140
罕遇地震	125	220(310)	400(510)	620

注：括号内数值分别用于设计基本地震加速度为 0.15g 和 0.3g 的地区。

a 为地震波峰值加速度的调整系数，多遇地震作用下 $a = \dfrac{55}{62.278} = 0.88$，因此将汶川波地震记录峰值乘以 0.88 后再采用。

2.4.2 小体量低层碉房和大体量多层碉房

2.4.2.1 顶点位移

本节提取了桃坪羌寨小体量低层碉房和大体量多层碉房在多遇地震作用下的顶点位移响应,其位移时程曲线如图 2.48 和图 2.49 所示。由图可知,小体量低层碉房顶点位移最大值为 2.3mm,大体量多层碉房顶点位移最大值为 4.5mm,小体量低层碉房最大位移比大体量多层碉房最大位移小 48.89%——主要是因为小体量低层碉房总高度低,质量较小,结构相对较规则,结构刚度和质量分布还比较均匀,而大体量多层碉房高度较高,质量较大,且结构不规则,导致刚度突变,地震时各部分的变形差异较大,还会使结构在连接处产生明显的应力集中现象,并且结构变化与刚度变化,导致结构顶部变形较大,震害较严重。

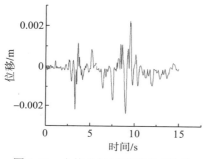

图 2.48 小体量低层碉房顶点位移

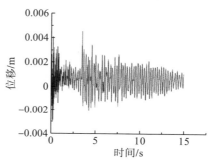

图 2.49 大体量多层碉房顶点位移

2.4.2.2 基底剪力

提取小体量低层碉房模型与大体量多层碉房模型底部 XY 平面上基底剪力,X 向基底剪力如图 2.50 和图 2.51 所示,Y 向基底剪力如图 2.52 和图 2.53 所示。小体量低层碉房模型与大体量多层碉房模型基底剪力最大值如表 2.12 所示。大体量多层碉房比小体量低层碉房基底剪力 X 方向大 422%,Y 方向大 430%。在同等地震作用下,大体量多层碉房自重较大,结构不规则,部分位置刚度产生变化,结构的抗侧刚度不均匀,导致受到的地震力较大,产生的基底剪力较大。

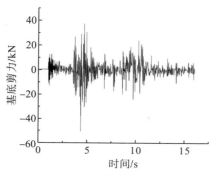

图 2.50 小体量低层碉房 X 向基底剪力

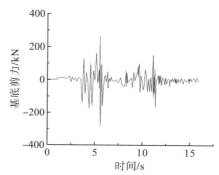

图 2.51 大体量多层碉房 X 向基底剪力

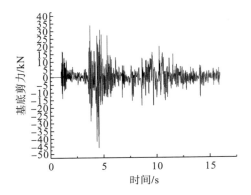 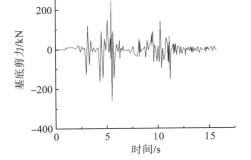

图 2.52   小体量低层碉房 Y 向基底剪力   图 2.53   大体量多层碉房 Y 向基底剪力

表 2.12   小体量低层碉房和大体量多层碉房基底剪力最大值

基底剪力方向	小体量低层碉房/kN	大体量多层碉房/kN	变化情况/%
X	50.6	263.885	422
Y	46.019	243.735	430

注：变化情况(%)=(大体量多层碉房−小体量低层碉房)/小体量低层碉房；数值为负(−)表示减小，数值为正(+)表示增大。

2.4.3   碉房墙体未收分与收分

2.4.3.1   顶点位移

本节提取了碉房墙体未收分结构和收分结构在多遇地震作用下的顶点位移响应,其位移时程曲线如图 2.54 和图 2.55 所示。由图可知,碉房墙体未收分结构顶点位移最大值为 4.6mm,碉房墙体收分结构顶点位移最大值为 3.0mm,碉房墙体收分结构顶点位移最大值比碉房墙体未收分结构小 34.8%——主要因为砌筑碉房墙体时采用收分技术可以减轻墙体自重,降低墙体重心,使碉房的整体稳定性加强。这种内墙垂直,外墙从下到上逐渐收敛呈梯形状的墙体,相当于提供给外墙朝内支撑,所以在地震作用下,碉房墙体收分结构会比墙体未收分结构位移小。

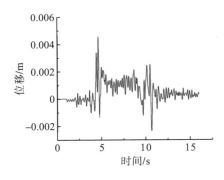 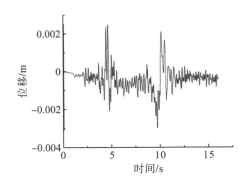

图 2.54   碉房墙体未收分结构顶点位移   图 2.55   碉房墙体收分结构顶点位移

2.4.3.2　基底剪力

提取碉房墙体未收分结构模型和收分结构模型底部 XY 平面上的基底剪力，X 向基底剪力如图 2.56 和图 2.57 所示，Y 向基底剪力如图 2.58 和图 2.59 所示。碉房墙体未收分结构模型和收分结构模型基底剪力最大值如表 2.13 所示。碉房墙体收分结构比未收分结构基底剪力最大值 X 方向小 18.8%，Y 方向小 22.1%。由于墙体收分，墙体自重减小，重心降低，碉房整体结构自重减小，在相同地震作用下，相对碉房墙体未收分结构，收分结构基底剪力较小，所受地震力较小。

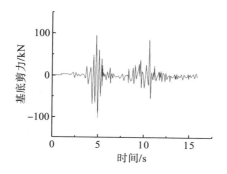

图 2.56　碉房墙体未收分结构 X 向基底剪力

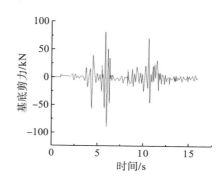

图 2.57　碉房墙体收分结构 X 向基底剪力

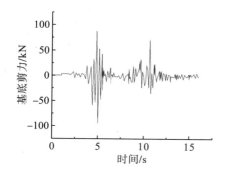

图 2.58　碉房墙体未收分结构 Y 向基底剪力

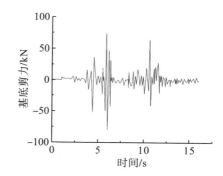

图 2.59　碉房墙体收分结构 Y 向基底剪力

表 2.13　碉房墙体未收分结构与收分结构基底剪力最大值　　　　　（单位：kN）

基底剪力方向	碉房未收分结构	碉房收分结构	变化情况/%
X	100.599	81.704	−18.8
Y	94.345	73.534	−22.1

注：变化情况(%)=(碉房收分结构−碉房未收分结构)/碉房未收分结构；数值为负(−)表示减小，数值为正(+)表示增大。

2.4.4　独栋碉房与共墙碉房

2.4.4.1　顶点位移分析

本节提取了独栋碉房和共墙碉房在多遇地震作用下的顶点位移响应，其位移时程曲线如图 2.60 和图 2.61 所示。由图可知，独栋碉房结构顶点最大位移为 4.6mm，共墙碉房结构顶点最大位移为 1.9mm，共墙碉房顶点最大位移比独栋碉房顶点最大位移小 58.7%。主要是因为共墙碉房较独栋碉房有更多的横纵墙互相支撑，相互拉结，使碉房空间刚度增大，整体性更好，有利于抵抗地震作用。

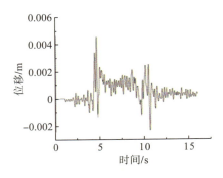
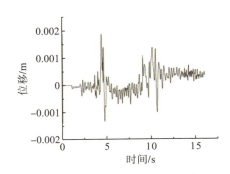

图 2.60　独栋碉房顶点位移时程曲线　　　　图 2.61　共墙碉房顶点位移时程曲线

2.4.4.2　基底剪力

提取独栋碉房结构模型和共墙碉房结构模型底部 XY 平面上的基底剪力，X 向基底剪力如图 2.62 和图 2.63 所示，Y 向基底剪力如图 2.64 和图 2.65 所示。独栋碉房结构模型和共墙碉房结构模型基底剪力最大值如表 2.14 所示。共墙碉房基底剪力最大值比独栋碉房基底剪力最大值 X 方向大 18.8%，Y 方向大 7.4%。虽然共墙碉房体积是独栋碉房体积的两倍，但是基底剪力却相差并不大，说明共墙碉房虽然质量大，但是因为墙体互相拉结的原因，顶点位移小，受到的地震影响有所减小。

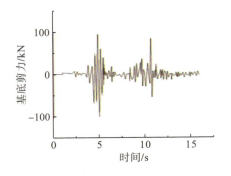
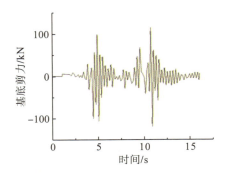

图 2.62　独栋碉房 X 向基底剪力　　　　　图 2.63　共墙碉房 X 向基底剪力

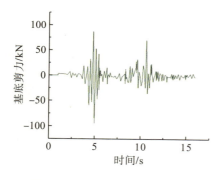

图 2.64　独栋碉房 Y 向基底剪力

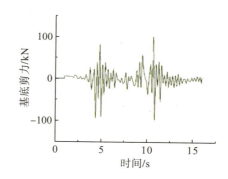

图 2.65　共墙碉房 Y 向基底剪力

表 2.14　独栋碉房与共墙碉房基底剪力最大值

基底剪力方向	独栋碉房/kN	共墙碉房/kN	变化情况/%
X	100.599	119.508	18.8
Y	94.345	101.349	7.4

注：变化情况(%)=(共墙碉房−独栋碉房)/独栋碉房；数值为负(−)表示减小，数值为正(+)表示增大。

2.5　罕遇地震作用下桃坪羌寨碉房抗震性能分析

　　本节对桃坪羌寨碉房不同结构形式的模型进行罕遇地震作用下动力响应分析，地震波同样采用图 2.47 所示的汶川波，地震波加速度最大值按照表 2.11 选取并按照式(2.14)进行调整。本节同样讨论了桃坪羌寨小体量低层碉房和大体量多层碉房、碉房墙体未收分结构和收分结构、独栋碉房和共墙碉房三种影响因素对加速度响应和位移响应的影响，对比分析了加速度响应和位移响应。

2.5.1　小体量低层碉房和大体量多层碉房

2.5.1.1　加速度响应分析

　　图 2.66 和图 2.67 分别为小体量低层碉房底部、最高点在罕遇地震作用下的加速度响应。由图 2.66 和图 2.67 可知，在罕遇地震作用下，小体量低层碉房在 4.56s 这一时刻达到加速度最大，其中房屋底部加速度最大值为 3.56m/s^2，房屋最高点加速度最大值为 3.92m/s^2。

　　图 2.68 和图 2.69 分别为大体量多层碉房底部、最高点在罕遇地震作用下的加速度响应。由图 2.68 和图 2.69 可知，在罕遇地震作用下，大体量多层碉房房屋底部在 4.56s 时达到加速度最大值，其最大值为 3.60m/s^2，房屋最高点在 4.49s 时达到加速度最大值，其最大值为 19.79m/s^2。

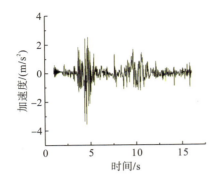

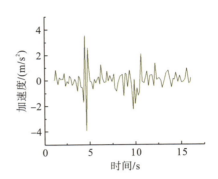

图 2.66 小体量低层碉房底部加速度响应   图 2.67 小体量低层碉房最高点加速度响应

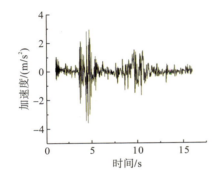

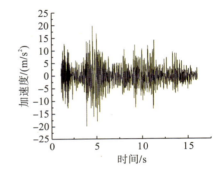

图 2.68 大体量多层碉房底部加速度响应   图 2.69 大体量多层碉房最高点加速度响应

2.5.1.2 加速度放大系数

为了分析桃坪羌寨小体量低层碉房和大体量多层碉房在最高点的加速度放大的情况，在此引入加速度放大系数 β，即为各楼层加速度最大值与输入加速度最大值的比值，其公式如下：

$$\beta = \frac{|\chi|_{\max}}{|\chi_g|_{\max}} \tag{2.15}$$

式中，$|\chi|_{\max}$ 为各楼层加速度应最大值；$|\chi_g|_{\max}$ 为输入加速度最大值。

汶川波作用下，小体量低层碉房和大体量多层碉房加速度最大值及放大系数如表 2.15 所示。通过比较发现，大体量多层碉房在房屋底部和房屋最高点的加速度放大系数比小体量低层碉房的加速度放大系数大，其中大体量多层碉房在房屋最高点的加速度放大系数是小体量低层碉房的 5 倍，在罕遇地震作用下更容易破坏且破坏更加明显。

表 2.15　小体量低层碉房和大体量多层碉房加速度最大值及放大系数

楼层	小体量低层碉房		大体量多层碉房	
	加速度最大值/(m/s²)	加速度放大系数	加速度最大值/(m/s²)	加速度放大系数
房屋底部	3.56	1.15	3.59	1.16
房屋最高点	3.92	1.26	19.79	6.38

注: 输入地震波加速度最大值为 3.10m/s², 加速度放大系数为 1.00; 本章同。

2.5.1.3　位移响应

图 2.70 和图 2.71 分别为小体量低层碉房最高点、大体量多层碉房最高点在罕遇地震作用下的位移响应。从图 2.70 可知, 在罕遇地震作用下, 小体量低层碉房在 4.56s 时达到位移最大值, 其位移最大值为 5.7mm。从图 2.71 可知, 在罕遇地震作用下, 大体量多层碉房在 15.02s 时达到位移最大值, 其位移最大值为 38mm。

通过上述比较可知, 大体量多层碉房第三层结构出现刚度突变, 导致结构刚度减小, 且由于结构高度较高, 产生鞭梢效应, 所以位移较大, 破坏较明显, 抗震性能较差; 小体量低层碉房比大体量多层碉房的最大位移小 85%, 表明小体量低层碉房在地震作用下破坏较小, 抗震性能较好。

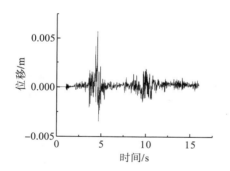

图 2.70　小体量低层碉房最高点位移响应

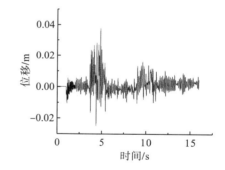

图 2.71　大体量多层碉房最高点位移响应

2.5.2　碉房墙体未收分与收分

2.5.2.1　加速度响应分析

图 2.72~图 2.75 分别为墙体未收分结构房屋底部、一层顶部、二层顶部及三层顶部在罕遇地震作用下的加速度响应。由图可知, 在罕遇地震作用下, 未收分结构房屋底部在 4.4s 时达到加速度最大值, 其最大值为 4.19m/s²; 一层顶部在 3.8s 时加速度达到最大值, 其最大值为 6.89m/s²; 二层顶部在 4.9s 时加速度达到最大值, 其最大值为 12.06m/s²; 三层顶部在 4.8s 时达到加速度最大值, 其最大值为 15.76m/s²。

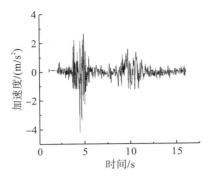

图 2.72　墙体未收分结构房屋
底部加速度响应

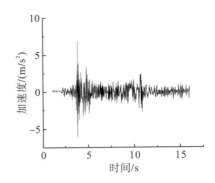

图 2.73　墙体未收分结构房屋一层
顶部加速度响应

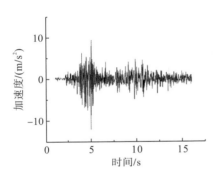

图 2.74　墙体未收分结构房屋二层
顶部加速度响应

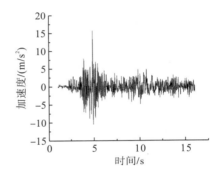

图 2.75　墙体未收分结构房屋三层
顶部加速度响应

　　图 2.76～图 2.79 分别为墙体收分结构房屋底部、一层顶部、二层顶部及三层顶部在罕遇地震作用下的加速度响应。由图可知，在罕遇地震作用下，收分结构房屋底部在 4.8s 时达到加速度最大值，其最大值为 3.29m/s²；一层顶部在 3.8s 时加速度达到最大值，其最大值为 4.72m/s²；二层顶部在 4.4s 时加速度达到最大值，其最大值为 9.7m/s²；三层顶部在 4.8s 时达到加速度最大值，其最大值为 14.50m/s²。

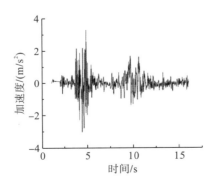

图 2.76　墙体收分结构房屋底部加速度响应

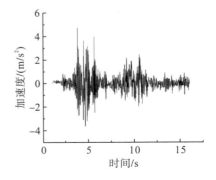

图 2.77　墙体收分结构房屋一层顶部加速度响应

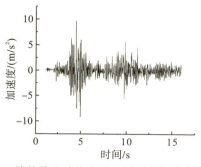 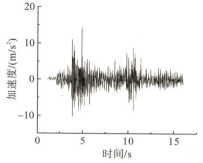

图 2.78　墙体收分结构房屋二层顶部加速度响应　　图 2.79　墙体收分结构房屋三层顶部加速度响应

2.5.2.2　加速度放大系数

碉房墙体未收分结构和收分结构加速度随结构高度变化如图 2.80 所示，随着桃坪羌寨碉房楼层的增高，加速度逐步增大，且碉房墙体未收分结构比收分结构增幅大。碉房墙体未收分结构和收分结构的加速度最大值及放大系数如表 2.16 所示。通过表 2.16 可知，碉房未收分结构的房屋底部、一层顶部、二层顶部及三层顶部的加速度放大系数比碉房收分结构的加速度放大系数大，在罕遇地震作用下更容易破坏且破坏更加明显。

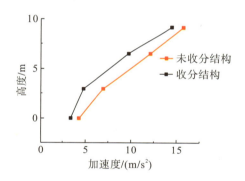

图 2.80　碉房墙体未收分结构和收分结构加速度随结构高度变化

表 2.16　汶川波作用下碉房墙体未收分结构和收分结构加速度最大值及放大系数

楼层	碉房墙体未收分结构		碉房墙体收分结构	
	加速度最大值/(m/s²)	加速度放大系数	加速度最大值/(m/s²)	加速度放大系数
房屋底部	4.19	1.35	3.29	1.06
一层顶部	6.89	2.22	4.72	1.52
二层顶部	12.06	3.89	9.70	3.13
三层顶部	15.76	5.08	14.50	4.68

2.5.2.3　位移响应

图 2.81～图 2.83 分别为墙体未收分结构房屋一层顶部、二层顶部及三层顶部在罕遇

地震作用下的位移响应。由图可知，在罕遇地震作用下，桃坪羌寨碉房未收分结构一层顶部在 4.6s 时位移达到最大值，其最大值为 4.58mm；二层顶部在 4.6s 时位移达到最大值，其最大值为 13.14mm；三层顶部在 5.0s 时达到位移最大值，其最大值为 13.68mm。

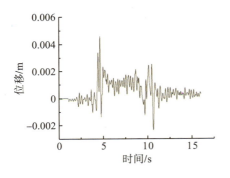 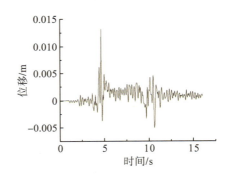

图 2.81　墙体未收分结构房屋一层顶部位移响应　　图 2.82　墙体未收分结构房屋二层顶部位移响应

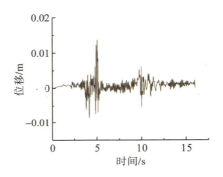

图 2.83　墙体未收分结构房屋三层顶部位移响应

　　图 2.84～图 2.86 分别为墙体收分结构房屋一层顶部、二层顶部及三层顶面在罕遇地震作用下的位移响应。由图 2.84～图 2.86 可以看出，在罕遇地震作用下，桃坪羌寨碉房收分结构一层顶部在 10.7s 时位移达到最大值，其最大值为 3.96mm；二层顶部在 4.6s 时位移达到最大值，其最大值为 12.57mm；三层顶部在 11.1s 时达到位移最大值，其最大值为 12.78mm。

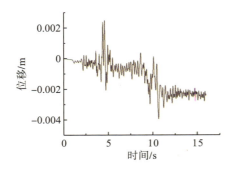 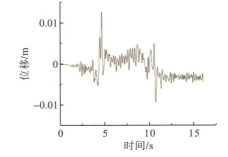

图 2.84　墙体收分结构房屋一层顶部位移响应　　图 2.85　墙体收分结构房屋二层顶部位移响应

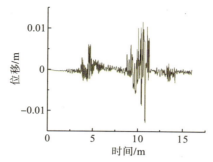

图 2.86　墙体收分结构房屋三层顶部位移响应

2.5.2.4　位移最大值

碉房墙体未收分结构和收分结构位移随结构高度变化如图 2.87 所示，随着桃坪羌寨碉房楼层的增高，在罕遇地震作用下的位移逐步增大，且碉房墙体未收分结构比收分结构增加幅度大，在罕遇地震作用下更容易破坏且破坏得更加明显。通过表 2.17 比较可知，桃坪羌寨碉房未收分结构的房屋底部、一层顶部、二层顶部及三层顶部的位移最大值都比碉房收分结构的位移最大值大。通过分析可知，三层顶部的位移最大，这是因为三层顶部的质量较小，结构产生刚度突变，因为鞭梢作用，产生较大的位移。

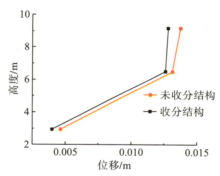

图 2.87　碉房墙体未收分结构和收分结构位移随结构高度变化

表 2.17　汶川波作用下碉房墙体未收分结构和收分结构最大位移　　（单位：m）

楼层	未收分结构最大位移	收分结构最大位移
一层顶部	0.00458	0.00396
二层顶部	0.01314	0.01257
三层顶部	0.01368	0.01278

2.5.3　独栋碉房与共墙碉房

2.5.3.1　加速度响应分析

图 2.88～图 2.91 分别为共墙碉房房屋底部、一层顶部、二层顶部及三层顶部在罕遇

地震作用下的加速度响应。由图可知，在罕遇地震作用下，桃坪羌寨共墙碉房房屋底部在
4.6s 时加速度达到最大值，其最大值为 3.17m/s^2；一层顶部在 3.8s 时加速度达到最大值，
其最大值为 3.65m/s^2；二层顶部在 4.8s 时加速度达到最大值，其最大值为 6.23m/s^2；三层
顶部在 4.8s 时达到加速度最大值，其最大值为 7.03m/s^2。

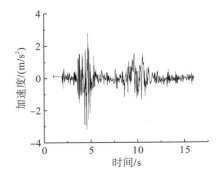

图 2.88 共墙碉房房屋底部加速度响应

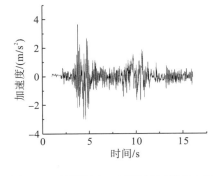

图 2.89 共墙碉房一层顶部加速度响应

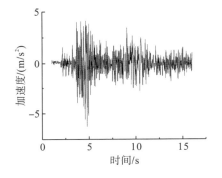

图 2.90 共墙碉房二层顶部加速度响应

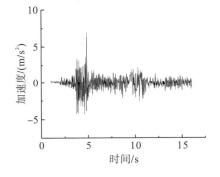

图 2.91 共墙碉房三层顶部加速度响应

2.5.3.2 加速度放大系数

独栋碉房和共墙碉房加速度随结构高度变化如图 2.92 所示，随着碉房楼层的增高，
加速度逐步增大，且独栋碉房比共墙碉房增加幅度大，在罕遇地震作用下独栋碉房更容易
破坏且破坏得更加明显，共墙碉房破坏小，抗震性能较好。通过对表 2.18 比较可知，独
栋碉房房屋底部、一层顶部、二层顶部及三层顶部的加速度放大系数都比共墙碉房加速度
放大系数大。通过比较桃坪羌寨独栋碉房和共墙碉房加速度增量可知，桃坪羌寨独栋碉房
的房屋底部、一层顶部、二层顶部及三层顶部的加速度增量比共墙碉房分别大 32.18%、
88.77%、93.58%及 124.18%，由此表明，独栋碉房加速度增量较共墙碉房大，在罕遇地震
作用下更容易破坏且破坏得更加明显，共墙碉房在罕遇地震作用下位移较小，破坏较小，
抗震性能较好。

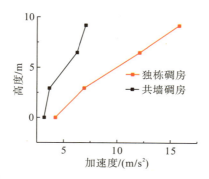

图 2.92　独栋碉房和共墙碉房加速度随结构高度变化

表 2.18　汶川波作用下独栋碉房和共墙碉房加速度放大系数

楼层	独栋碉房		共墙碉房	
	最大加速度/(m/s²)	加速度放大系数	最大加速度/(m/s²)	加速度放大系数
房屋底部	4.19	1.35	3.17	1.02
一层顶部	6.89	2.22	3.65	1.18
二层顶部	12.06	3.89	6.23	2.01
三层顶部	15.76	5.08	7.03	2.27

2.5.3.3　位移响应

本节提取了桃坪羌寨共墙碉房在汶川波罕遇地震作用下的位移响应。图 2.93～图 2.95 分别为共墙碉房房屋一层顶部、二层顶部及女儿墙节点在罕遇地震作用下的位移响应。由图可知，在罕遇地震作用下，桃坪羌寨共墙碉房一层顶部在 4.6s 时位移达到最大值，其最大值为 4.34mm；二层顶部在 4.76s 时位移达到最大值，其最大值为 11.27mm；女儿墙节点在 4.6s 时达到位移最大值，其最大值为 11.88mm。

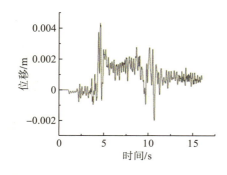

图 2.93　共墙碉房房屋一层顶部位移响应

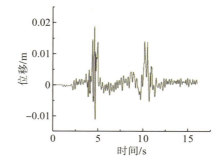

图 2.94　共墙碉房房屋二层顶部位移响应

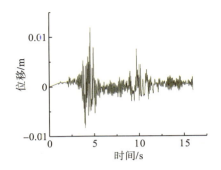

图 2.95　共墙碉房房屋女儿墙节点位移响应

2.5.3.4　位移最大值

独栋碉房和共墙碉房位移随结构高度变化如图 2.96 所示，随着桃坪羌寨碉房楼层的增高，在罕遇地震作用下独栋碉房和共墙碉房的位移逐步增大，且独栋碉房比共墙碉房增加幅度大，在罕遇地震作用下独栋碉房更容易破坏且破坏得更加明显，共墙碉房位移较小，破坏较小，抗震性能较好。汶川波作用下独栋碉房和共墙碉房最大位移见表 2.19，通过比较可知，独栋碉房、一层顶部、二层顶部及女儿墙节点的位移最大值都比共墙碉房位移最大值大。比较每个高度的最大位移可知，女儿墙节点的位移最大，这是由于女儿墙的质量较小，产生刚度突变，且由于鞭梢作用，产生较大的位移。

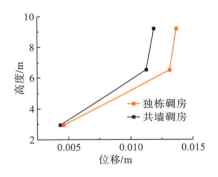

图 2.96　独栋碉房和共墙碉房位移随结构高度变化

表 2.19　汶川波作用下独栋碉房和共墙碉房最大位移　　　　　（单位：m）

楼层	独栋碉房最大位移	共墙碉房最大位移
一层顶部	0.00458	0.00434
二层顶部	0.01314	0.01127
女儿墙节点	0.01368	0.01188

2.6　提高桃坪羌寨碉房抗震性能的建议

　　本节参考《建筑抗震设计规范》（GB 50011—2010）、《建筑抗震加固技术规程》（JGJ 116—2009）、《镇（乡）村建筑抗震技术规程》（JGJ 161—2008）以及《古建筑木结构维护与加固技术规范》（GB 50165—92）等并结合实际震害对如何改善桃坪羌寨碉房抗震性能提出以下建议。

　　(1) 从现场调研，墙体预留放置木梁的洞口深度不一。多数木梁是直接放置在墙体预留洞口里面，部分木梁由木销锁于洞口，由于年代久远，大多数木销已经腐朽。根据《建筑抗震设计规范》（GB 50011—2010）中 3.2.2 的规定：不定期检查木梁情况，对未设木销的梁增加木销，对已腐朽的木销及时进行更换；并根据《古建筑木结构维护与加固技术规范》（GB 50165—92）对木结构进行防腐防虫处理，根据需求选取适合的药剂。

　　(2) 根据现场调研，桃坪羌寨部分墙体横纵墙之间没有咬接，后建墙体只能倚靠旧墙而建。建议后期在建设碉房时，应提前预留部分纵墙作为横墙的拉结，具体设置根据《镇（乡）村建筑抗震技术规程》（JGJ 161—2008）8.2.2 中第一条规定：料石砌体应采用无垫片砌筑，平毛石砌体应每皮设置拉结石，如图 2.97 所示。

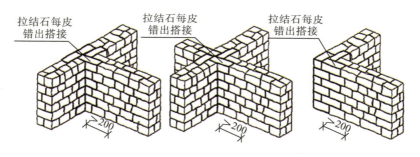

图 2.97　增设拉结石的墙体（单位：mm）

　　(3) 根据现场调研，桃坪羌寨碉房墙体采用生土作为黏结剂，生土的黏结能力相对混凝土砂浆强度低很多，由于时间长久，生土砂浆脱落严重，导致碉房墙体的抗剪能力较弱，在地震中容易剪切破坏。本节建议：对小面积生土砂浆脱落的墙体及时进行填补，对大面积脱落的生土砂浆墙体在墙体上增设钢丝网并补充砂浆，对后期需要建设的碉房墙体建议在生土砂浆中掺杂一些黏结剂，既不破坏生土的外观，又可以增加黏结效果。

　　(4) 根据现场调研，女儿墙高度不一，最高高度为 700mm。通过抗震计算结果可知，在地震作用下，女儿墙由于鞭梢作用，加速度和位移都较大，在地震作用下破坏较严重，抗震能力较差。根据《镇（乡）村建筑抗震技术规程》（JGJ 161—2008）中 3.2.3 的规定：突出屋面无锚固的烟囱、女儿墙等易倒塌构件的出屋面高度，Ⅷ度及Ⅷ度以下时不应大于 500mm；Ⅸ度时不应大于 400mm。当超出时，应采取拉结措施，本书建议超过 500mm 的女儿墙设置拉结筋。

(5)由现场调研,桃坪羌寨碉房设置的门窗洞口位置不对称,窗口大小不一、窗洞口不规则且门窗洞口位置随意。根据《镇(乡)村建筑抗震技术规程》(JGJ 161—2008)中 3.2.4 的规定:横墙和内纵墙上的洞口宽度不宜大于 1.5m,外纵墙上的洞口宽度不宜大于 1.8m 或开间尺寸的一半;根据 3.2.5 中的规定:门窗洞口过梁的支撑长度,Ⅵ~Ⅷ度时不应小于 240mm,Ⅸ度时不应小于 360mm。本书建议在无法改变门窗洞口的时候加固门窗洞口的过梁,后期新建的碉房在砌筑时尽量使门窗洞口规则、大小一致,尽量对称。

2.7 结　　论

(1)通过对桃坪羌寨碉房建筑材料生土和岩石的基本力学性能进行试验,得到材料的基本力学参数,并通过相关文献和规范得到石砌体结构的相关参数。

(2)小体量低层碉房较大体量多层碉房在相同地震作用下水平位移小,基底剪力小,其加速度放大系数较小,随着高度的增加,小体量低层碉房加速度增量较大体量多层碉房加速度增量小,因此小体量低层碉房较大体量多层碉房抗震性能好。

(3)碉房墙体收分结构水平位移比碉房墙体未收分结构位移小,基底剪力小,加速度放大系数较小,随着高度的增加,碉房墙体收分结构加速度增量比碉房墙体未收分结构加速度增量小,说明墙体收分结构的抗震性能较未收分结构好。

(4)桃坪羌寨共墙碉房比独栋碉房在相同地震作用下其加速度放大系数小,随着高度的增加,共墙碉房加速度增量比独栋碉房加速度增量小,共墙碉房最高点比独栋碉房最高点最大水平位移小,说明在同样地震作用下,由于共墙碉房有较多的墙体相互支撑拉结,其破坏程度较小,抗震性能较独栋碉房好。

(5)针对桃坪羌寨碉房的破坏特点,对木梁搭接、横纵墙咬接、生土砂浆、女儿墙及门窗洞口等问题,提出相关加固建议。

第3章 桃坪羌寨碉楼抗震性能研究

本章研究内容：①采用大型有限元软件 ABAQUS 建立分离式石砌墙体数值模型，根据已有试验结果验证数值模型的合理性与正确性。②采用控制变量法，只改变收分值，得到碉楼墙体的滞回曲线、骨架曲线和刚度退化曲线，对比分析碉楼墙体的滞回性能、抗侧力刚度等性能指标，从而获得最优的碉楼墙体收分率取值范围。③改变鱼脊线夹角分析碉楼墙体的受力性能，获得对碉楼墙体抗侧力刚度最有利的鱼脊线夹角范围。④改变过江石数量，设置 2 组含有过江石的碉楼墙体并进行低周往复荷载作用下的有限元分析，得到设置过江石对碉楼墙体抗震性能的影响。⑤根据上述碉楼墙体在低周往复荷载作用下的影响因素分析，分别从上述三个影响因素中选取具有代表性的参数，建立整体碉楼结构分离式有限元模型，分别进行模态分析、多遇地震和罕遇地震时程响应分析及静力弹塑性分析，进一步研究三个影响因素对碉楼结构体系抗震性能的影响，并结合受力性能和实际施工难度，提出桃坪羌寨碉楼结构的选择方案，为实践修砌提供一定的参考。

3.1 桃坪羌寨碉楼及其概念设计介绍

3.1.1 桃坪羌寨碉楼

近年来随着我国旅游业的发展与开放程度的提升，四川西部的碉楼逐渐引起中外学者与游客的关注。作为一种高原文化遗产，碉楼在历史、文化及建筑上的独特价值也逐渐得到人们的肯定与认同。碉楼作为一种独特而古老的文化遗存，既是一份有着悠久历史的珍贵的文化遗产，也是组成地域文化的有机部分(吉喆，2017)。羌寨碉楼主要位于四川甘孜、阿坝一带，本书所研究的桃坪羌寨碉楼位于四川省阿坝藏族羌族自治州理县杂谷脑河畔桃坪乡，处于龙门山断裂带中段(刘伟兵等，2015)。长期以来，羌寨及周边地区经历着各式各样的自然灾害，如泥石流、崩塌、地震、霜冻、滑坡、风灾等，其中对桃坪羌寨破坏最大的是地震(刘希等，2011)。因此，与传统的建筑形式相比，桃坪羌寨采用特殊的结构形式达到了减轻碉楼自重、降低重心的目的。其中，桃坪羌寨最具代表性的是墙体收分修砌技术，收分不仅能降低建筑主体的重心，减轻自重，亦使外墙产生一个由下而上的斜向支撑力。具有墙体收分结构形式的建筑具有良好的抗震性能，也可以有效减少地震灾害。

碉楼按修砌时所使用的建材来区分，可划分为土碉和石碉两个大类。石碉墙体的特殊设计能有效提高墙体的承载力。但当地砌筑技艺长期保持口头传承，缺少文字记录，且砌筑工匠在砌筑时不搭脚手架，不吊线，全凭经验修砌。因此，这一技艺已日渐衰落。现有研究主要侧重于碉楼的建筑风格、历史文化、艺术价值等方面，关于碉楼受力性能方面的分析还比较缺乏。若能把修砌技艺上升到理论层次，探讨羌族民居独有的结构特点对其抗震性能的影响，得出最优的碉楼结构设计参数，为今后碉楼的设计和修砌提供参考，对羌族碉楼文化的传承具有重要的意义。

3.1.2 桃坪羌寨的概念设计

桃坪羌寨使用就地取材的石材和生土修砌而成，在材料的力学性能上相较于现代建筑材料较差，但桃坪羌寨在经历汶川地震后，整个寨子的建筑只有部分损坏，且没有任何人员伤亡。据一些学者研究发现，现存的羌族建筑等的初始建造时间在明清时期，由于历史久远，当地人需要针对该地区频繁发生的地震灾害采取相应的应对措施，形成了如今具有鲜明特点的羌寨建筑。羌族建筑概念设计的主要内容如下。

(1) 墙体收分，如图 2.16 所示。羌族的石砌建筑在传统的修砌上都有收分，墙体内部垂直，外部截面形成下宽上窄的梯形，整个建筑呈覆斗的形状。墙体收分既能减轻建筑主体的自重，又能降低重心，使结构更稳定。收分还能使墙体产生一个从下向上的斜支撑力，它对墙体起到支撑效果的同时也避免了墙体向外倾斜。据震后调查：大量外墙收分较多的老建筑墙体受损较轻，有的甚至没有损坏，其余不收分墙体或有不明显收分墙体的建筑受损较为严重。

(2) 墙体的"布筋"，也叫"过江石"，如图 3.1 所示。据震后调查：墙体不采用布筋或少布筋的建筑，很多都发生了倒塌，而使用过江石的墙体比没使用的受损轻。据查阅文献，在修砌碉楼墙体时每隔 1.5m 就会设置过江石，并且要避免对缝设置，其目的一方面是为了找平，另一方面为了使泥土和石头间的黏结力增大。

图 3.1　墙体的"布筋"

(3) 墙体外部的"鱼脊背"结构也称作"鱼脊线"，如图 2.21 所示。此结构广泛应用于羌族的建筑中，一些沿着坡地修砌的碉楼的后外墙中部，一般都会修砌一条像鱼脊背的凸棱状的背脊。一些沿着坡地修砌的石砌碉房,同样也在后墙甚至侧墙外修砌 1 或 2 条垂直的墙脊。鱼脊线的作用主要体现在水平方向和竖直方向两个方面,在竖直方向相当于多增加了一根斜向的支撑柱,提高结构的承载力;在水平方向相当于在墙体的水平面上形成了大量匝状三角形,在力学上形成了具有良好结构稳定性的三角形结构,使碉楼结构的稳定性得以提升。因为多角碉楼能从水平向和竖直向两个方向上使碉楼的稳定性能增强,因此在抵御自然灾害特别是地震灾害方面的能力要强得多。

3.2　生土石砌墙体有限元模型建立与试验验证

本节结合已有的阿坝州生土石砌墙体的理论和抗剪性能试验研究,利用有限元软件 ABAQUS 建立与试验一致的石砌墙体有限元模型。在未考虑石材和生土间相互黏结滑移的前提下,本节使用 Python 对 ABAQUS 进行二次开发,实现了石砌墙体的分离式建模并进行计算,对比分析有限元结果和试验结果,验证有限元模型的正确性,为后续研究不同影响因素对碉楼墙体侧向受力性能的分析奠定基础。

3.2.1　既有文献试验模型

许浒等(2019)对毛石砌墙体的抗剪性能开展试验研究,在阿坝州当地聘请了有着丰富砌筑经验的匠人进行修砌和选材,以确保试验构件能真实反映原始结构的力学性能。试验墙体的黏合材料用的是在当地挖的黏性土,石材主要采用块状毛石。试验墙体的尺寸为 3000mm×1300mm×300mm,且顶部和底部分别设有 200mm 高的水平加载梁和 100mm 高的混合砂浆加强带,都是由 M5 混合砂浆(强度等级为 5MPa 的普通砂浆)砌筑而成的。加载反力墙置于试验墙体旁,其尺寸为 4000mm×1800mm×300mm。反力墙的两侧底部都设置了两根 4B20 钢筋进行加强,试验墙体和反力墙都砌筑在块石和 M5 混合砂浆且尺寸为 12200mm×500mm×500mm 的地梁上,试验基坑深度为 500mm,其设计如图 3.2 所示,左边为试验墙体,右边为临时加载反力墙。图 3.3 为砌筑完成后的模型示意图。试验采用分级加载方式,观察试件变形,直至墙体破坏。

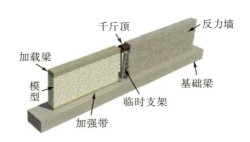

图 3.2　现场试验(许浒等,2019)　　　　图 3.3　砌筑完成后模型示意图(许浒等,2019)

3.2.2 单元类型与材料参数选取

3.2.2.1 有限元单元类型选取

考虑到毛石砌体墙体的实际受力特性,为了能较好地模拟和混凝土类似的脆性材料的压碎与开裂特性,本章选用了八节点六面体线性减缩积分单元(即 C3D8R 单元)进行模拟。

3.2.2.2 石材和生土的材料参数

通过查阅相关文献并结合实际工况,考虑到石材与混凝土在受力上有一定相似性,均属于脆性材料,因此对于石材的破坏准则参照混凝土材料的破坏准则选用,生土的破坏准则选用莫尔-库仑准则,生土和石材应力应变曲线均取自许浒等(2019)的试验,如图 3.4 和图 3.5 所示。本次模拟的石材与生土的材料参数也都来自许浒等(2019)研究中的参数,根据试验和资料整理,可得材料性能参数如表 3.1 所示。

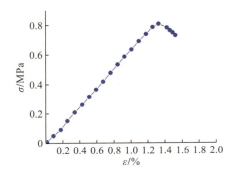

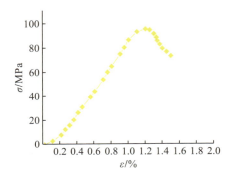

图 3.4 生土的单轴受压应力-应变关系   图 3.5 石材的单轴受压应力-应变关系

表 3.1 石材和生土的材料性能参数

石材			生土				
密度/(kg/m³)	弹性模量/MPa	泊松比	密度/(kg/m³)	弹性模量/MPa	泊松比	黏聚力/kPa	内摩擦角/(°)
2800	6420	0.15	1750	80	0.35	20.99	27.07

3.2.3 有限元模型的建立

3.2.3.1 有限元模型建立的选用方式

毛石砌体建模方式主要分为整体式建模和分离式建模两种。整体式建模是将砌体结构当作均匀的连续体来建模,其没有考虑胶结材料和块体之间的相互作用。根据平均应力应变可建立连续体的本构方程,通过以下方式来实现有限元模拟连续体的单元材料参数:①根据复合材料力学的均质理论,用等效材料属性来代替所有组成砌体材料的属性;

②按规范取值，如果规范没有明确规定，则选用国内外研究学者对有关砌体本构关系的研究成果；③试验实测，但第一种方法需要先得到胶结材料和砌块的力学参数，并且参数的计算过程很复杂，因此第一种方法推广较少(蒋济同和周新智，2019)。分离式建模则是把砌体当成复合材料，使砌体和胶结材料通过单元连接，可通过以下两种方法处理二者之间的作用机理：①不考虑胶结材料和砌块之间的黏结滑移，把二者所有的自由度都耦合在一起；②考虑二者的黏结滑移，将二者通过非线性弹簧单元或者接触单元连接起来。目前关于胶结材料和砌块间的黏结滑移关系曲线的研究还很不成熟，因此当前大多使用第一种方法来实现分离式建模且更易实现。

为了与实际结构特点更加接近，模拟结果更加准确，本章采用分离式建模来研究碉楼结构的力学性能。由于目前对砌块和胶结材料之间相互作用的研究尚未成熟，且建模比较烦琐，所以本章采用不考虑二者间相互作用的分离式建模。

由于桃坪羌寨的石砌体建筑在修砌时并没有根据相关规范，砌筑时生土和石材是按照1∶3 随机制作的，因此为了更接近实际工程，本章建模时同样采取砌筑材料随机制作的方式。ABAQUS 数值模拟分析软件中自带的材料本构关系要应用于实际工程中还有一定的局限性，本章针对此问题选用 Python 脚本编程语言实现了参数化建模(马川，2018)。

3.2.3.2　Python 与 ABAQUS 之间的关系

Python 语言是一种独立的程序语言，和其他语言一样，同样支持跨平台使用。它广泛地应用于网络编程、大数据处理及科学计算等领域，其语法简洁清晰，只用在源代码开头加上特定指令，无须修改源代码的主体。在众多 Python 编辑器中，本章选择了有完整的 Python API 且界面简洁的 Sublime 3 文本编辑器。

ABAQUS/CAE 界面中操作的每一步都会生成一个对应的 Python 命令，它们被储存在 ABAQUS.rpy 文件里。Python 的使用贯穿 ABAQUS 的每个部分，不仅仅是 ABAQUS 的脚本接口语言。使用 Python 编写脚本时，可以通过 ABAQUS.rpy 文件直接添加新的 Python 命令，从而方便快速地进行模型的建立和分析计算。

3.2.4　墙体随机分布离散型有限元模型

由于碉楼墙体中的生土和石材的分布呈不规则、不均匀的特点，并且毛石块体尺寸大小不一，因此，在对碉楼进行有限元模拟过程中，把修砌材料的分布当成是一个随机的过程。本章采用蒙特卡罗(Monte Carlo)法来模拟生土和石材按一定比例的随机分布状态。概率密度函数如下。

$$f(x) = \begin{cases} 1, & x \in [0,1] \\ 0, & x \notin [0,1] \end{cases} \tag{3.1}$$

其中，x 为[0,1]上的随机变量且均匀分布，因此可以在计算机上随机产生序列$\{X_n\}$，X_n 则是随机分布于[0,1]上的数，即实现生土砂浆和石材随机分布的最基本的工具(高磊，2015)。

考察实际工程修砌情况，羌族工人在修砌过程中所用生土砂浆与石材的体积比为 1∶3。本节通过 Monte Carlo 法自编译程序按比例随机分配砂浆和石材，先把随机生成的序列导入数值模拟软件里，再进行材料属性的物理定义(吴迪等，2012)。本章不考虑生土砂浆和石材的相互作用，假定二者间为理想界面，即不发生相对滑移、嵌入或者分离。

3.2.5　分离式建模过程

本节有限元模型采用材料随机分布的分离式建模。首先建好模型；其次对数值模拟的模型进行网格的划分；然后在划分好网格的基础上生成独立网格，因为材料随机分布的实质是独立网格的随机分布，生成独立网格后，把用 Python 编写好的程序(图 3.6)直接添加到 ABAQUS.rpy 文件里；接着根据生土和石材的比例，把独立网格随机分成两种；最后分别给赋予属性。

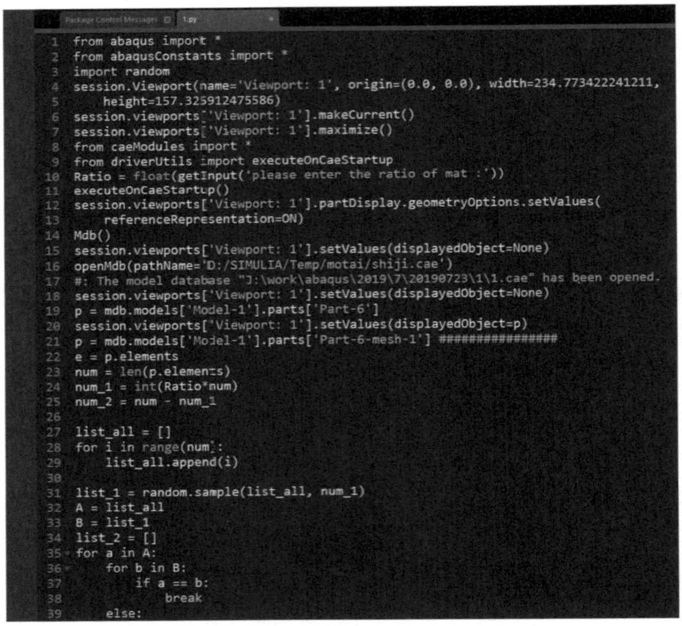

```
1  from abaqus import *
2  from abaqusConstants import *
3  import random
4  session.Viewport(name='Viewport: 1', origin=(0.0, 0.0), width=234.773422241211,
       height=157.325912475586)
5  session.viewports['Viewport: 1'].makeCurrent()
6  session.viewports['Viewport: 1'].maximize()
7  from caeModules import *
8  from driverUtils import executeOnCaeStartup
9  Ratio = float(getInput('please enter the ratio of mat :'))
10 executeOnCaeStartup()
11 session.viewports['Viewport: 1'].partDisplay.geometryOptions.setValues(
       referenceRepresentation=ON)
12 Mdb()
13 session.viewports['Viewport: 1'].setValues(displayedObject=None)
14 openMdb(pathName='D:/SIMULIA/Temp/motai/shiji.cae')
15 #: The model database "J:\work\abaqus\2019\7\20190723\1\1.cae" has been opened.
16 session.viewports['Viewport: 1'].setValues(displayedObject=None)
17 p = mdb.models['Model-1'].parts['Part-6']
18 session.viewports['Viewport: 1'].setValues(displayedObject=p)
19 p = mdb.models['Model-1'].parts['Part-6-mesh-1']  ###############
20 e = p.elements
21 num = len(p.elements)
22 num_1 = int(Ratio*num)
23 num_2 = num - num_1
24
25 list_all = []
26 for i in range(num):
27     list_all.append(i)
28
29 list_1 = random.sample(list_all, num_1)
30 A = list_all
31 B = list_1
32 list_2 = []
33 for a in A:
34     for b in B:
35         if a == b:
36             break
37     else:
```

图 3.6　Python 脚本编程代码

3.2.6　有限元模型的计算与验证

3.2.6.1　荷载及边界条件

本节选择试验中的毛石砌体进行三维有限元模型的计算与验证。试验模型中，墙体底部与地梁连接，并采用高度范围为 100mm 内的 M5 混合砂浆形成加强带。根据实际的试验情况，在 ABAQUS 中合理地建立试验模型。为了简化计算模型，本节在模拟中约束了墙体底部所有自由度。在试验中，本节对模型施加的荷载为单向水平侧向荷载，数值模拟则是把加载点和加载面耦合在一起，且在耦合点处施加一个水平位移荷载 0.02m，有限元模型的边界条件及荷载如图 3.7 所示。

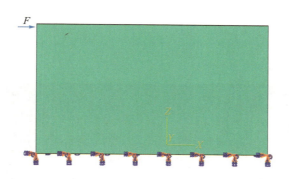

图 3.7　有限元模型的荷载及边界条件示意图

3.2.6.2　网格的划分

数值模拟时对网格粗细程度和单元大小的划分，对数值模拟结果的计算效率和精准度有直接影响。在几何形状比较复杂或受力较关键的区域应采用高密度网格，而在几何形状比较简单或受力影响不太大的区域可采用密度较低的网格。在此试验模拟中，考虑到计算精度和效率以及结构尺寸，通过多次试算，本节确定毛石砌体墙网格的精度为 0.10m，具体划分效果如图 3.8 所示。

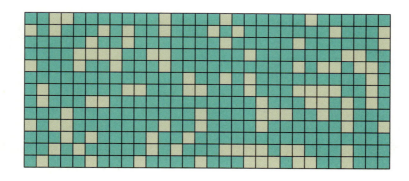

图 3.8　网格划分效果

3.2.7　计算结果验证

计算得出砌体的水平位移云图如图 3.9 所示，本章验证数值模型的正确性是通过用墙体加载点处的荷载-位移曲线，通过数值模拟的计算结果，绘制出结构加载点在单向水平荷载作用下荷载和位移的关系曲线。许浒等（2019）的有限元计算结果和本章数值模拟计算结果的对比如图 3.10 所示，从图中可以看出，本章有限元分析结果和许浒等的有限元分析结果吻合较好。试验结果测得，模型无轴压状态下的水平抗剪承载力为 20.70kN。本章有限元结果的水平抗剪承载力峰值为 23.56kN，与试验结果相差 13.8%。许浒等(2019)的有限元结果的水平抗剪承载力峰值为 24.30kN，与试验结果相差 17.4%。有限元结果均略高于试验结果的原因可能是：有限元模拟没有考虑外界各种因素的影响，比试验更接近理想状态。许浒等(2019)的有限元结果曲线不光滑且有波动的原因可能为与本章使用的计算模型存在差异。

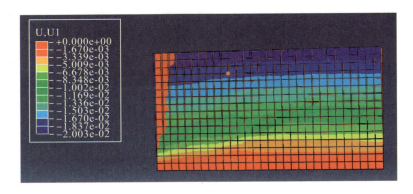

图 3.9　砌体的水平位移云图

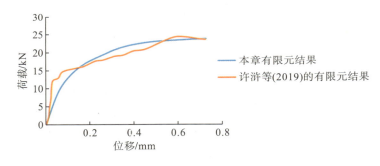

图 3.10　荷载-位移曲线

对比本章有限元结果和许浒等的有限元结果，数值模拟结果和试验结果比较吻合，说明了用这种方法进行有限元建模的可靠性，并且使用有限元软件来研究毛石砌体结构受力性能的方法是可行的。

3.3　桃坪羌寨碉楼墙体抗震性能影响因素分析

基于 3.2.7 节对毛石砌体墙有限元建模方法的验证，并根据本书作者团队前期在桃坪羌寨实地调研的碉楼数据，此次有限元建模选取陈家碉楼作为基本模型，有限元参数取自本书作者团队已经进行的生土和石块的基本力学性能试验结果。本节采用分离式建模，研究不同收分率、嵌入过江石和不同鱼脊线夹角三类碉楼墙体在低周往复荷载作用下抗震性能的差异，通过滞回曲线、骨架曲线和刚度退化曲线，分析得出对碉楼墙体抗侧力刚度有利的参数范围。

3.3.1　桃坪羌寨碉楼墙体有限元模型参数选取

3.3.1.1　碉楼墙体尺寸

桃坪羌寨碉楼结构几何尺寸根据实地调研测量的陈家碉楼获得，该碉楼由四面墙体组成，墙高 20m，墙体长 4m，墙底部宽 1.2m，上部宽 0.55m，墙体收分率 3.25%，其中有一面墙体由夹角 120°的鱼脊线组成。

3.3.1.2　荷载及边界条件

本章模型均采用位移控制加载，将加载点与碉楼墙体上表面部分进行面耦合，同时约束碉楼下表面的全部自由度和碉楼墙体加载平面外方向的自由度，其目的是防止在加载过程中，构件平面外方向出现失稳。以收分墙体为例，碉楼结构墙体有限元模型示意图如图 3.11 所示。

F(水平荷载)

图 3.11　碉楼结构墙体有限元模型示意图

3.3.1.3　材料参数选取

参考 2.2 节，本书前期已经进行了生土砂浆立方体抗压强度试验、土的直接剪切试验和岩石的单轴压缩试验（图 3.12～图 3.14）。通过以上试验得到生土砂浆的黏聚力 c 为 20.99kPa，抗剪强度为 0.404MPa，内摩擦角为 27.07°。岩石的泊松比为 0.15，内摩擦角为 26.1°，弹性模量为 6.42GPa，抗压强度为 23.37MPa，黏聚力 c 为 8300kPa。

图 3.12　生土砂浆立方体抗压强度试验　　　　图 3.13　土的直接剪切试验

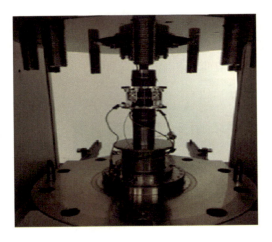

图 3.14　岩石单轴压缩试验

3.3.2　桃坪羌寨碉楼墙体拟静力试验模拟分析

3.3.2.1　墙体收分对碉楼墙体抗震性能的影响

1. 设置墙体收分

本章墙体尺寸均取自桃坪羌寨当地实测碉楼尺寸，墙高 20m，墙体长 4m，墙底部宽1.2m，上部宽 0.55m，墙体收分率为 3.25%，其中一面墙体由夹角为 120°的鱼脊线组成。本章采用控制变量法研究收分对碉楼墙体受力性能的影响，所以在研究收分对碉楼墙体力学性能的影响时，取墙体长 4m，宽 1.2m，高 20m，无鱼脊线，无过江石，只改变墙体上部的厚度进行收分，收分碉楼墙体如图 3.15 所示，根据查阅相关资料得到墙体收分率的计算公式为

$$L = \frac{b-a}{h} \tag{3.2}$$

式中，L 为墙体收分率；a 为墙体上部宽度；b 为墙体的底部宽度；h 为墙体的高度。

　　　　(a) 正视图　　　　　　　(b) 俯视图　　　　　　　(c) 侧视图

图 3.15　收分碉楼墙体

2. 往复加载受力性能分析

（1）滞回曲线。为便于观察曲线，本章将墙体收分率分成三组进行研究，分别为 2%～2.75%、3%～3.75%、4%～4.5%。收分墙体和无收分墙体模型在往复荷载作用下的滞回曲线如图 3.16～图 3.19 所示，图 3.19 是提取图 3.16～图 3.18 中最优的墙体收分滞回曲线（收分率分别为 2.75%、3% 和 4% 的墙体）。从图中可以看出，收分率为 2%～3.75% 的墙体与无收分墙体模型的滞回曲线都接近梭形，滞回环曲线比较饱满；收分率为 4%～4.5% 的墙体模型的滞回曲线接近弓形，滞回环曲线的饱满程度不如梭形，有一定的捏缩和滑移的现象。

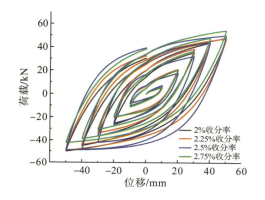

图 3.16　收分率为 2%～2.75% 的墙体滞回曲线

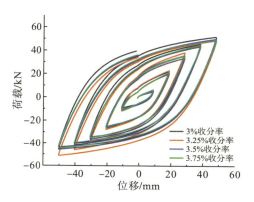

图 3.17　收分率为 3%～3.75% 的墙体滞回曲线

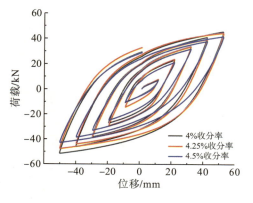

图 3.18　收分率为 4%～4.5% 的
墙体滞回曲线

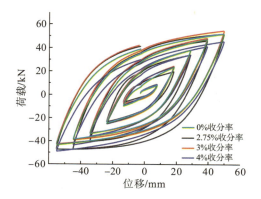

图 3.19　收分率为 0%、2.75%、3% 和 4% 的
墙体滞回曲线

（2）骨架曲线。根据滞回曲线绘制出收分墙体模型的骨架曲线，如图 3.20～图 3.23 所示，图 3.23 是提取图 3.20～图 3.22 中最优的骨架曲线（收分率分别为 2.75%、3%、4% 的碉楼墙体）。与无收分墙体对比，从图中可以看出，收分率为 0% 的碉楼墙体模型在加载位移为 29.95mm 时达到屈服，屈服荷载为 33.63kN；收分率为 2.75% 碉楼墙体模型在加载位移为 29.95mm 时达到屈服，屈服荷载为 38.61kN；收分率为 3% 的碉楼墙体模型在加载位

移为 29.95mm 时达到屈服，屈服荷载为 39.24kN；收分率为 4%的碉楼墙体模型在加载位移为 29.95mm 时达到屈服，屈服荷载为 32.41kN。由曲线对比可以得出，收分率为 3%碉楼墙体模型的极限承载力最高，比无收分墙体承载力提高了 16.68%，而收分率为 2.75%的碉楼墙体模型承载力提高了 14.8%，收分率为 4%的碉楼墙体与无收分墙体模型相比承载力降低了 3.63%。

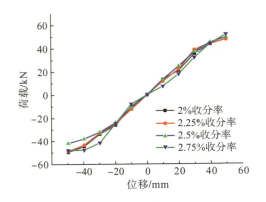

图 3.20　收分率为 2%～2.75%的墙体骨架曲线

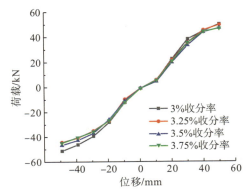

图 3.21　收分率为 3%～3.75%的墙体骨架曲线

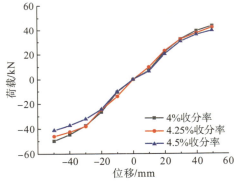

图 3.22　收分率为 4%～4.5%
的墙体骨架曲线

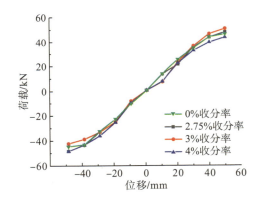

图 3.23　收分率为 0%、2.75%、3%和 4%
的墙体骨架曲线

(3) 刚度退化曲线。收分墙体模型的刚度退化曲线如图 3.24～图 3.27 所示，从图中可以看出，对于不同收分的模型，刚度退化曲线由于收分的变化而有所偏差，但基本相似。图 3.27 是取出图 3.24～图 3.26 中最优的刚度退化曲线(收分率分别为 2.75%、3%、4%的墙体)。与无收分墙体对比，收分率为 3%时，墙体的刚度受影响最大。收分率为 3%的墙体与无收分墙体相比，初始刚度提高 11%，收分率为 2.75%的墙体与无收分率墙体相比，刚度提高了 4.4%。收分率为 4%的墙体与无收分率墙体相比，刚度提高了 0.75%。因此，一定的收分能提高墙体的刚度，且有限元模拟出的最优墙体收分率 3%与当地实际收分率 3.26%吻合较好。

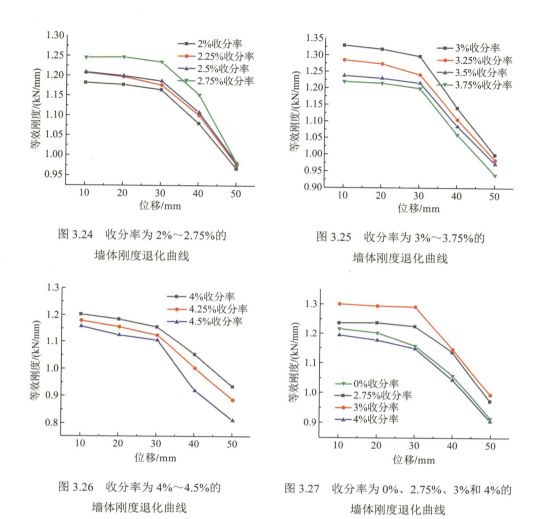

图 3.24　收分率为 2%～2.75%的
墙体刚度退化曲线

图 3.25　收分率为 3%～3.75%的
墙体刚度退化曲线

图 3.26　收分率为 4%～4.5%的
墙体刚度退化曲线

图 3.27　收分率为 0%、2.75%、3%和 4%的
墙体刚度退化曲线

　　分析滞回曲线,计算得到收分墙体模型的初始刚度如表 3.2 所示。由表 3-2 可以得到,墙体收分率为 2.75%～3.75%,在一定程度上能提高墙体的侧向刚度,而收分率低于 2.75%或者高于 3.75%墙体的侧向刚度提高不明显或有所降低。

表 3.2　收分墙体模型的初始刚度

墙体组 1		墙体组 2		墙体组 3	
收分率/%	初始刚度/(kN/mm)	收分率/%	初始刚度/(kN/mm)	收分率/%	初始刚度/(kN/mm)
2.00	1.182	3.00	1.332	4.00	1.209
2.25	1.207	3.25	1.288	4.25	1.197
2.50	1.213	3.50	1.240	4.50	1.184
2.75	1.253	3.75	1.225	0.00	1.203

综上所述，由滞回曲线、骨架曲线和刚度退化曲线，分析得到当墙体收分率位于 2.75%～3.75% 时，能在一定程度上提高碉楼墙体的侧向刚度。其中，最优墙体收分率为 3%，与实地考察测出的 3.25% 较为吻合。

(4) 耗能及延性。通过计算滞回环的面积可知，收分率为 3% 时，墙体的能量耗散系数最大，其能量耗散系数 E 为 0.586，等效黏滞阻尼系数 ζ_{eq} 为 0.093。

3.3.2.2 鱼脊线对碉楼墙体抗震性能的影响

1. 鱼脊线墙体参数

同 3.3.2.1 节研究墙体收分率方法一致，采用控制变量法研究鱼脊线夹角对碉楼墙体受力性能的影响，只改变鱼脊线夹角来研究墙体的抗侧受力性能。碉楼结构尺寸为：墙体长 4m，宽 1.2m，高 20m，无收分，无过江石，只改变碉楼墙体鱼脊线夹角。为了方便观察结果，把鱼脊线夹角分为三段：60°～80°、90°～110°、120°～140°。鱼脊线墙体三视图如图 3.28 所示。

(a) 主视图   (b) 俯视图   (c) 左视图

图 3.28   鱼脊线墙体三视图

2. 往复加载分析

(1) 滞回曲线。有鱼脊线墙体和无鱼脊线墙体模型在往复荷载作用下的滞回曲线如图 3.29～图 3.32 所示，从图中可以看出，鱼脊线墙体模型的滞回曲线都接近梭形，并且曲线较为饱满。

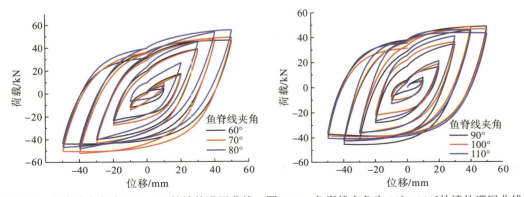

图 3.29   鱼脊线夹角为 60°～80° 的墙体滞回曲线   图 3.30   鱼脊线夹角为 90°～110° 的墙体滞回曲线

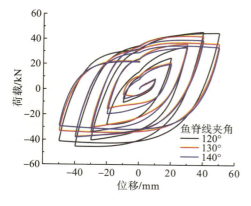

图 3.31　鱼脊线夹角为 120°～140°
的墙体滞回曲线

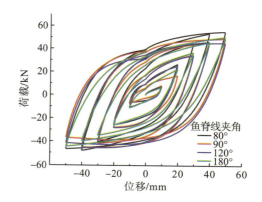

图 3.32　鱼脊线夹角为 80°、90°、120°、180°
的墙体滞回曲线

（2）骨架曲线。根据滞回曲线绘制出鱼脊线墙体模型的骨架曲线，如图 3.33～图 3.36 所示，图 3.36 是提取图 3.33～图 3.35 中的最优骨架曲线（鱼脊线夹角分别为 80°、90° 和

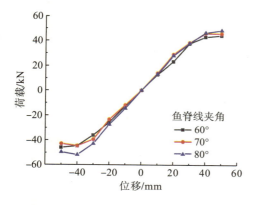

图 3.33　鱼脊线夹角为 60°～80°的墙体骨架曲线

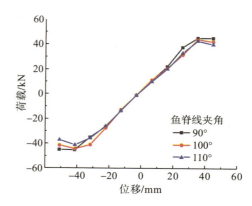

图 3.34　鱼脊线夹角为 90°～110°的墙体骨架曲线

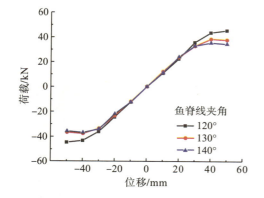

图 3.35　鱼脊线夹角为 120°～140°
的墙体骨架曲线

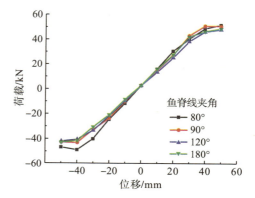

图 3.36　鱼脊线夹角为 80°、90°、120°、180°
的墙体骨架曲线

120°的墙体)。与无鱼脊线墙体对比,从图中可以看出:无鱼脊线墙体模型在加载位移为29.95mm 时达到屈服,屈服荷载为 33.63kN;鱼脊线夹角为 80°墙体模型在加载位移为29.95mm 时达到屈服,屈服荷载为 37.96kN;鱼脊线夹角为 90°墙体模型在加载位移为29.95mm 时达到屈服,屈服荷载为 40.64kN;鱼脊线夹角为 120°墙体模型在加载位移为29.95mm 时达到屈服,屈服荷载为 35.90kN。由曲线对比可以得出,鱼脊线夹角为 90°墙体模型的极限承载力最高,比无鱼脊线墙体承载力提高了 20.8%,鱼脊线夹角为 80°墙体模型比无鱼脊线墙体承载力提高了 12.89%。鱼脊线夹角为 120°墙体模型的极限承载力比无鱼脊线墙体承载力提高了 6.75%。

(3)刚度退化曲线。根据滞回曲线,分析得到鱼脊线类型模型的初始刚度如表 3.3 所示,其中无鱼脊线碉楼墙体的初始刚度为 1.203kN/mm。含有鱼脊线墙体模型的刚度退化曲线如图 3.37~图 3.40 所示,根据刚度退化曲线能够得到:墙体鱼脊线的夹角变化对刚度退化曲线的影响有所区别,但大致相同。图 3.40 是提取图 3.37~图 3.39 中最优的刚度退化曲线(鱼脊线夹角分别为 80°、90°、120°的墙体),与无鱼脊线墙体对比,得到鱼脊线夹角为 90°对墙体的侧向刚度影响最大。与无鱼脊线墙体相比,初始刚度提高了 12.67%。鱼脊线夹角为 100°墙体与无鱼脊线墙体相比,刚度大约提高了 10.6%。鱼脊线夹角为 120°碉楼墙体模型与无鱼脊线墙体模型相比,刚度提高了 5.3%。因此,鱼脊线夹角在一定程度上能提高墙体的刚度,结合表 3.3,鱼脊线夹角的最优范围为 70°~120°。查阅相关资料和实地调查得到桃坪羌寨当地鱼脊线夹角为 120°,在本章研究的最优角度范围内。

表 3.3 含鱼脊线碉楼墙体的初始刚度

墙体组 1		墙体组 2		墙体组 3	
鱼脊线夹角/(°)	初始刚度/(kN/mm)	鱼脊线夹角/(°)	初始刚度/(kN/mm)	鱼脊线夹角/(°)	初始刚度/(kN/mm)
60	1.254	90	1.365	120	1.267
70	1.283	100	1.331	130	1.235
80	1.334	110	1.305	140	1.193

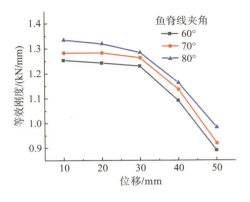

图 3.37 鱼脊线夹角为 60°~80°的墙体刚度退化曲线

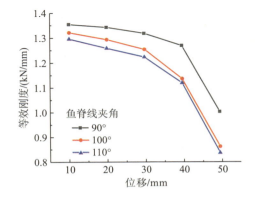

图 3.38 鱼脊线夹角 90°~110°的墙体刚度退化曲线

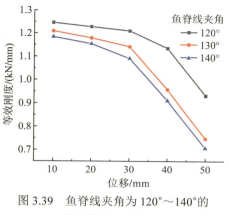

图 3.39 鱼脊线夹角为 120°~140°的
墙体刚度退化曲线

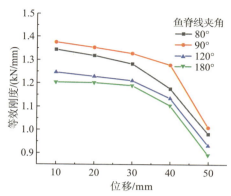

图 3.40 鱼脊线夹角为 80°、90°、120°、180°的
墙体刚度退化曲线

由滞回曲线、骨架曲线和刚度退化曲线可以得到，最佳墙体鱼脊线夹角为 90°，鱼脊线夹角位于 70°~120°能有效提高墙体的侧向刚度，而低于 70°或高于 120°则墙体侧向刚度提高不明显甚至反而降低。据相关资料和本团队对桃坪羌寨碉楼的实际考察，实际碉楼墙体鱼脊线夹角为 120°，与本章有限元计算得出的较优夹角范围符合。

3. 耗能及延性

通过计算滞回环的面积，得到鱼脊线碉楼墙体系列模型的最大能量耗散系数 E 为 0.574，是鱼脊线夹角为 90°的碉楼墙体，等效黏滞阻尼系数 ζ_{eq} 为 0.091。

3.3.2.3 过江石对碉楼墙体抗震性能的影响

1. 设置墙体过江石位置

本节只改变墙体过江石位置，采用控制变量法研究过江石对碉楼墙体受力性能的影响，过江石墙体如图 3.41 所示，且根据查阅相关资料和实地调查得到桃坪羌寨当地过江石每隔 1.5m 处设置一根。这样做既是为了找平，也是为了提高墙体的承载力，并且修砌过江石时要错缝设置，避免对缝，其目的是使受力均匀，提高墙体的整体稳定性。

(a) 主视图　　　　　　　(b) 俯视图　　　　　　　(c) 左视图

图 3.41 过江石墙体

2. 往复加载分析

（1）滞回曲线。有过江石碉楼墙体和无过江石碉楼墙体模型在往复荷载作用下的滞回曲线如图 3.42 所示。根据图 3.42 可以得到，墙体模型的滞回曲线比较饱满，有一定的捏缩和滑移现象且都接近弓形。

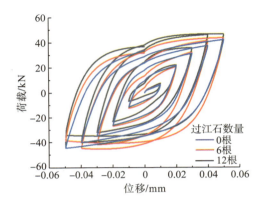

图 3.42　过江石墙体滞回曲线

（2）骨架曲线。通过滞回曲线得到含有过江石墙体模型的骨架曲线，如图 3.43 所示。由图 3.43 中可以看出，含 12 根过江石墙体模型达到屈服的加载位移为 29.947mm，屈服荷载为 36.97kN，水平位移为 49.91mm 时达到极限位移，极限荷载为 49.82kN；含 6 根过江石墙体模型在加载位移为 29.950mm 时达到屈服，屈服荷载为 35.41kN，水平位移为 35.38mm 时达到极限位移，极限荷载为 46.91kN；含 0 根过江石碉楼墙体模型在加载位移为 29.89mm 时达到屈服，屈服荷载为 34.95kN，水平位移为 49.80mm 时达到极限位移，极限荷载为 44.91kN。由曲线对比可以得出，12 根过江石墙体模型的极限承载力最高，6 根过江石墙体模型的极限承载力略高于含 0 根过江石墙体模型。

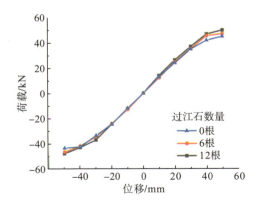

图 3.43　过江石墙体模型的骨架曲线

(3)刚度退化曲线。本节根据滞回曲线,分析得出含过江石墙体类型模型的初始刚度如表 3.4 所示。含过江石墙体模型的刚度退化曲线如图 3.44 所示。从图 3.44 中可以看出,不同数量过江石墙体模型刚度退化曲线的变化有所偏差,但基本相似。过江石对碉楼墙体模型的残余刚度影响较小,含 12 根过江石墙体模型、含 6 根过江石墙体模型和含 0 根过江石墙体模型的最终刚度值分别为 0.98kN/mm、0.94kN/mm 和 0.92kN/mm。刚度退化曲线从下往上过江石的数量依次增加,随着位移荷载的增加,墙体模型刚度退化曲线下降趋势基本一致。其中,含 12 根过江石墙体模型与含 0 根过江石墙体模型对比,刚度提高了9.5%,含 6 根过江石墙体模型与含 0 根过江石墙体模型相比,刚度提高了 5%。因此,在石砌体墙内设置过江石在一定程度上能提高墙体的刚度。

综上,石砌墙体内嵌入过江石能提高墙体的刚度,根据查阅相关文献,得到桃坪羌寨当地石砌墙体每隔 1.5m 设置一根过江石。本章碉楼墙体高 20m,6 根过江石碉楼墙体的刚度小于 12 根过江石碉楼墙体,与查阅的资料相吻合。

表 3.4　含过江石碉楼墙体的初始刚度

过江石数量/根	12	6	0
初始刚度/(kN/mm)	1.325	1.263	1.203

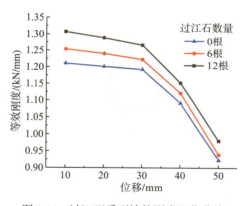

图 3.44　过江石系列墙体刚度退化曲线

3. 耗能及延性

通过计算滞回环的面积,本节得到过江石墙体系列模型的最大能量耗散系数 E 为0.581,是含有 12 根过江石的碉楼墙体,等效黏滞阻尼系数 ζ_{eq} 为 0.092。

3.4　桃坪羌寨碉楼结构抗震性能分析

本节基于第 2 章生土及石材的材料试验,以及本章关于碉楼墙体模型有限元的计算分析,以桃坪羌寨碉楼为研究对象,从三个影响因素中分别选取典型的参数建立五种碉楼结构模型，对其进行动力时程分析及静力弹塑性分析，分析比较五种整体碉楼结构的抗震性能，得到三类影响因素对碉楼抗震性能的影响。本节首先通过动力特性分析来确定结构的震动特性和自振周期，然后研究地震作用下三类因素对碉楼抗震性能的影响，最后综合其抗震性能和施工难度，提出更优的碉楼结构参数。

3.4.1 桃坪羌寨碉楼结构的动力特性分析

3.4.1.1 桃坪羌寨碉楼结构模型建立

通过 3.3 节对碉楼墙体侧向受力性能的分析，本书得到碉楼墙体的最优收分率为2.75%～3.75%，最优鱼脊线夹角为 70°～120°，还得到过江石能提高墙体的抗侧刚度。本节在三个影响因素中分别选取一个典型的参数值，其他参数按实际碉楼参数选取来建立碉楼结构模型，分别为收分率为 3%的碉楼结构模型，如图 3.45 所示，鱼脊线夹角为 120°的碉楼结构模型，如图 3.46 所示，含 12 根过江石墙体的碉楼结构模型，如图 3.47 和图 3.48所示。将三种不同影响因素下的碉楼与一般墙体碉楼（图 3.49），以及当地实际碉楼（图 3.50）进行对比，研究碉楼结构的抗震性能。

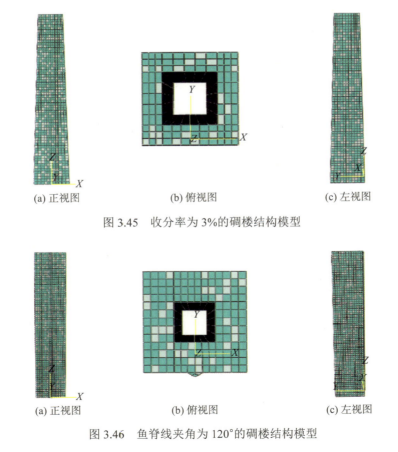

(a) 正视图　　　　　　　　(b) 俯视图　　　　　　　　(c) 左视图

图 3.45　收分率为 3%的碉楼结构模型

(a) 正视图　　　　　　　　(b) 俯视图　　　　　　　　(c) 左视图

图 3.46　鱼脊线夹角为 120°的碉楼结构模型

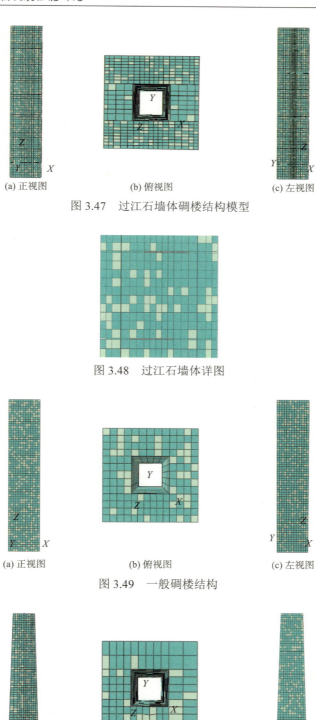

(a) 正视图　　　　　　　(b) 俯视图　　　　　　　(c) 左视图

图 3.47　过江石墙体碉楼结构模型

图 3.48　过江石墙体详图

(a) 正视图　　　　　　　(b) 俯视图　　　　　　　(c) 左视图

图 3.49　一般碉楼结构

(a) 正视图　　　　　　　(b) 俯视图　　　　　　　(c) 左视图

图 3.50　实际碉楼结构

利用 ABAQUS 数值模拟软件，建立碉楼结构的有限元模型。本节只考虑三个概念设计因素对碉楼结构抗震性能的影响，因此在建立碉楼结构整体模型时，未考虑结构中的门窗开洞、木梁等细节。

3.4.1.2　荷载及边界条件

模态分析时只需将碉楼底面固定，不用施加其他荷载，以收分率为 3% 的碉楼结构为例，边界条件布置如图 3.51 所示。对整体碉楼结构进行地震作用下的时程分析时，其荷载和边界条件布置如图 3.52 所示，在模型的 Z 方向施加重力荷载，碉楼底端固定并在模型底面 X 方向施加地震波。

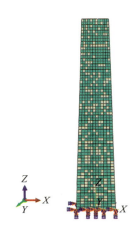

图 3.51　碉楼结构模态分析边界条件示意图　　　图 3.52　碉楼结构地震分析边界条件示意图

3.4.1.3　碉楼结构动力特性分析

本节对五个碉楼结构模型进行模态分析，得到五个碉楼结构的振型和自振频率；提取前三阶自振周期和振型，如表 3.5 所示，前三阶振型图如图 3.53～图 3.57 所示。

表 3.5　不同碉楼结构自振特性对比

模型	振型/阶	频率/Hz	周期/s	振型特征
一般碉楼结构	一	1.2433	0.8043	X 方向一阶平动
	二	1.3196	0.7875	Y 方向一阶平动
	三	4.8667	0.2045	一阶扭转
收分率为 3% 的墙体碉楼结构	一	1.5484	0.6758	Y 方向一阶平动
	二	1.5957	0.6567	X 方向一阶平动
	三	6.5452	0.1528	一阶扭转
鱼脊线夹角为 120° 的碉楼结构	一	1.3074	0.7649	X 方向一阶平动
	二	2.7316	0.3661	Y 方向一阶平动
	三	5.4216	0.1844	一阶扭转

模型	振型/阶	频率/Hz	周期/s	振型特征
过江石碉楼结构	一	1.3949	0.7169	X 方向一阶平动
	二	1.7535	0.5703	Y 方向一阶平动
	三	5.7243	0.1747	一阶扭转
实际碉楼结构	一	1.4802	0.6456	X 方向一阶平动
	二	1.5220	0.6270	Y 方向一阶平动
	三	6.2903	0.1490	一阶扭转

(a) 第一阶振型图　　　　　　(b) 第二阶振型图　　　　　　(c) 第三阶振型图

图 3.53　一般碉楼结构的前三阶振型图

  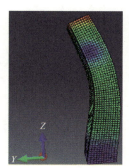

(a) 第一阶振型图　　　　　　(b) 第二阶振型图　　　　　　(c) 第三阶振型图

图 3.54　墙体收分率为 3% 的碉楼结构的前三阶振型图

(a) 第一阶振型图　　　　　　(b) 第二阶振型图　　　　　　(c) 第三阶振型图

图 3.55　鱼脊线夹角为 120° 的碉楼结构的前三阶振型图

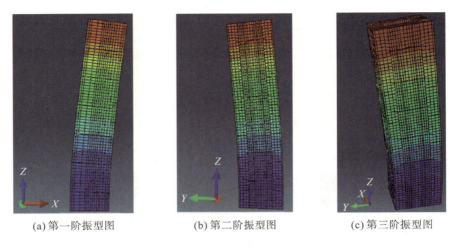

(a) 第一阶振型图　　　　　　　(b) 第二阶振型图　　　　　　　(c) 第三阶振型图

图 3.56　过江石碉楼结构的前三阶振型图

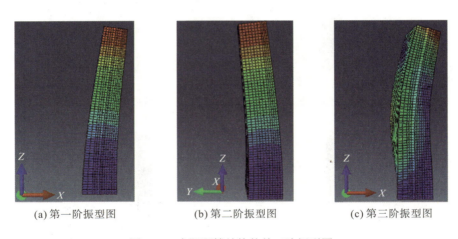

(a) 第一阶振型图　　　　　　　(b) 第二阶振型图　　　　　　　(c) 第三阶振型图

图 3.57　实际碉楼结构的前三阶振型图

　　由此可知，碉楼结构的动力特性如下。(1)关于自振周期，一般碉楼结构的周期比含鱼脊线碉楼结构的周期大，含过江石碉楼结构的周期比收分率为 3% 的碉楼结构周期大，实际碉楼的周期最小，说明相比一般碉楼结构，设置鱼脊线、过江石和收分率，均能提高结构的刚度。(2)碉楼结构模型均沿 X 方向的一阶平动，在第三阶振型都发生了扭转，这说明了五个碉楼结构体系的抗扭刚度比较大，结构的整体刚度分布也比较均匀。(3)五种碉楼结构的前三阶振型均相同，根据施养杭(1994)对 30 栋石砌体房屋的脉动测试，得到石砌体结构的基本自振周期经验公式为

$$T_{纵} = 0.167 + 0.032\frac{H}{L^{\frac{1}{3}}} = 0.5703(\text{s}) \tag{3.3}$$

式中，H 为建筑物高度；L 为建筑物长度。

　　该结论与表 3.5 中碉楼结构自振周期相比有一定的差距，因为桃坪羌寨石砌体建筑结构的施工工艺与一般石砌体结构相差较大。但碉楼结构主要沿 X、Y 方向的一阶平动出现

在第一阶和第二阶振型，第三阶出现扭转。这表明桃坪羌寨碉楼结构在地震作用下与普通石砌体结构的振动现象一致，都是以剪切变形为主。

3.4.2　桃坪羌寨碉楼结构时程响应分析

3.4.2.1　地震波的选取

本章所选择的桃坪羌寨碉楼石砌体结构位于四川省阿坝州理县，该地抗震设防烈度为Ⅶ度，建筑场地类别为 II 类场地，特征周期为 0.4s，设计地震分组为第二组，设计基本地震加速度值为 0.15g。因此，本节主要选取适合特征周期与第二组设计地震分组相似、持续时间为结构周期的 5～10 倍，并且该地震波适合 II 类场地来分析本章所需模拟的桃坪羌寨碉楼石砌体结构模型。本章选用的三条标准地震波为：汶川波（图 3.58）、埃尔森特罗（EL-Centro）波（图 3.59）和神户（Kobe）波（图 3.60）。

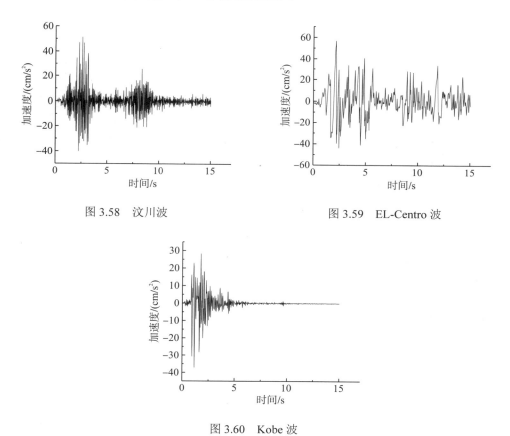

图 3.58　汶川波　　　　　　　　　　图 3.59　EL-Centro 波

图 3.60　Kobe 波

地震波加速度时程的最大值可根据表 2.11 选用。通常情况下，建议选择加速度时程曲线的持续时间不应小于 15s，且大于等于结构基本周期的 10 倍。

因为选取的地震波在规范上的要求和强度有一定区别，因此按式 (3.4) 调整《建筑抗

震设计规范》(GB 50011－2010)规定所选取的地震波,它的加速度时程的最大值按表 2.11
选取。

$$A'(t) = \frac{A'_{\max}}{A_{\max}} \times A(t) \tag{3.4}$$

式中,$A_{\max}$ 为规范按设防烈度要求规定的地面运动峰值; $A'_{\max}$ 为地震记录的峰值加速度;
$A(t)$ 为原始地震加速度时程曲线;$A'(t)$ 为调整后的加速度时程曲线。

以汶川波为例:α=55/51.4=1.07,因此,应该把汶川波原地震记录乘以 1.07 以后再进
行结构的多遇时程分析。同理,EL-Centro 波取 0.966,Kobe 波取 1.478。

3.4.2.2　多遇地震作用下桃坪羌寨碉楼结构时程响应分析

1. 汶川波作用下碉楼基底剪力、顶点位移

本节分别对五种碉楼结构模型输入地震烈度为Ⅶ度时的汶川波进行弹塑性时程分析,
提取五种不同影响因素下的碉楼结构模型的基底剪力和顶点位移进行对比,如图 3.61~
图 3.64 所示。

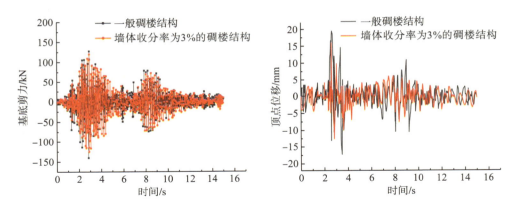

图 3.61　一般碉楼结构和墙体收分率为 3%的碉楼结构的基底剪力、顶点位移对比图

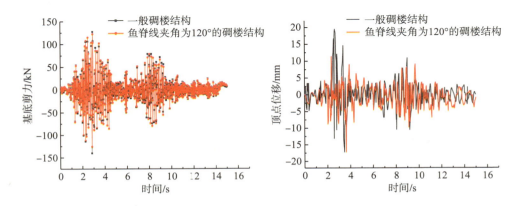

图 3.62　一般碉楼结构与鱼脊线夹角为 120°的碉楼结构的基底剪力、顶点位移对比图

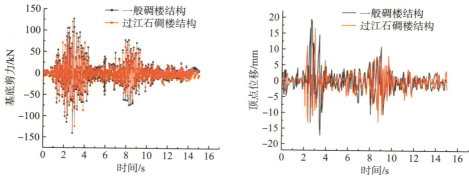

图 3.63　一般碉楼结构与过江石碉楼结构基底剪力、顶点位移对比图

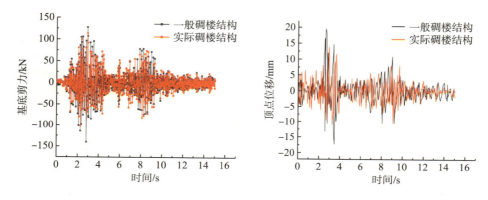

图 3.64　一般碉楼结构与实际碉楼结构基底剪力、顶点位移对比图

从图 3.61～图 3.64 中可以看出，一般碉楼结构(无收分、无鱼脊线、无过江石碉楼)的最大基底剪力为 145.726kN，墙体收分率为 3%的碉楼结构的最大基底剪力为 115.522kN，收分碉楼结构基底剪力比无收分碉楼结构基底剪力小 20.73%；鱼脊线夹角为 120°的碉楼结构基底剪力为 125.422kN，比无鱼脊线碉楼结构小 13.932%；过江石碉楼结构的最大基底剪力为 120.891kN，比无过江石的碉楼结构小 17.04%；实际碉楼结构的最大基底剪力为 110.41kN，比一般碉楼结构小 24.23%。由此可以得出，收分碉楼结构、鱼脊线碉楼结构、过江石碉楼结构和实际碉楼结构，均小于一般碉楼结构的基底剪力。

一般碉楼结构的最大顶点位移为 19.8mm，墙体收分率为 3%的碉楼结构的最大顶点位移为 16.13mm，收分碉楼结构最大顶点位移比无收分碉楼结构最大顶点位移小 18.54%；鱼脊线夹角为 120°的碉楼结构最大顶点位移为 17.24mm，比无鱼脊线碉楼结构小 12.93%；12 根过江石碉楼结构的最大顶点位移为 16.67mm，比无过江石的碉楼结构小 15.81%；实际碉楼结构的最大顶点位移为 14.512mm，比一般碉楼结构小 26.71%。由对比可知，无论是收分碉楼结构、鱼脊线碉楼结构、过江石碉楼结构还是实际碉楼结构，均小于一般碉楼结构的最大顶点位移。

汶川波作用下五种碉楼结构的最大基底剪力和最大顶点位移如表 3.6 所示。由表 3.6 可以看出，在碉楼结构受到相同地震波时，与一般碉楼结构相比，有收分墙体的碉楼结构能大大减小结构底部所承受的最大基底剪力，同时减小了结构的最大顶点位移。鱼脊线碉楼和过江石碉楼的最大基底剪力和最大顶点位移在一定程度上也减小了，基底剪力的减小使结构底部受到较小剪力而不易发生破坏，提高了结构的抗震性能。

表 3.6　汶川波作用下五种碉楼结构的最大基底剪力和最大顶点位移

模型	最大基底剪力/kN	最大顶点位移/mm
一般碉楼结构	145.726	19.8
墙体收分率为3%的碉楼结构	115.522	16.13
鱼脊线夹角为120°的碉楼结构	125.422	17.24
过江石碉楼结构	120.891	16.67
实际碉楼结构	110.41	14.512

2. EL-Centro 波作用下碉楼基底剪力、顶点位移分析

本节分别对五种不同影响因素的碉楼结构输入地震烈度为Ⅶ度时的 EL-Centro 波进行弹塑性时程分析，提取五种不同影响因素下的碉楼结构模型的基底剪力和顶点位移对比分析，如图 3.65～图 3.68 所示。

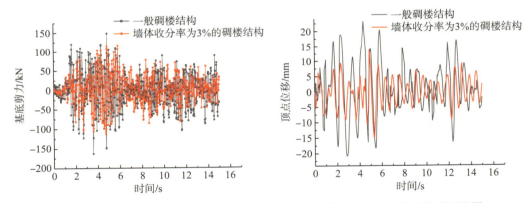

图 3.65　一般碉楼结构和墙体收分率为 3%的碉楼结构基底剪力、顶点位移对比图

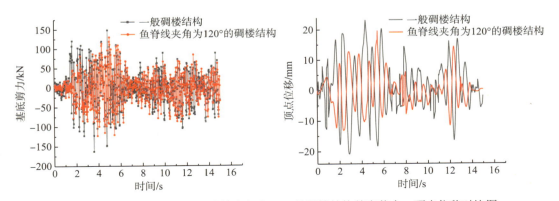

图 3.66　一般碉楼结构和鱼脊线夹角为 120°的碉楼结构基底剪力、顶点位移对比图

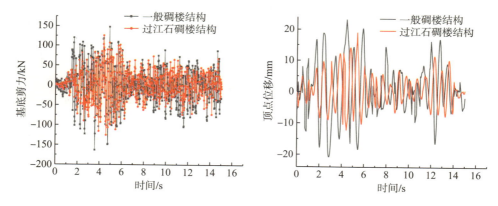

图 3.67　一般碉楼结构和过江石碉楼结构基底剪力、顶点位移对比图

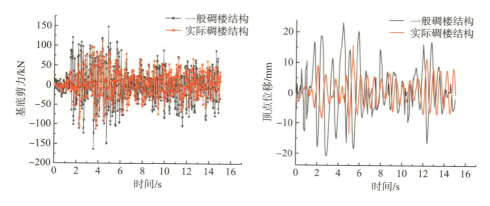

图 3.68　一般碉楼结构和实际碉楼结构基底剪力、顶点位移对比图

从图 3.65～图 3.68 中可以看出，一般碉楼结构（无收分、无鱼脊线、无过江石碉楼）的最大基底剪力为 147.73kN，墙体收分率为 3%的碉楼结构的最大基底剪力为 119.52kN，收分碉楼结构基底剪力比无收分碉楼结构基底剪力小 19.09%；鱼脊线夹角为 120°的碉楼结构基底剪力为 130.43kN，比无鱼脊线碉楼结构小 11.71%；过江石碉楼结构的最大基底剪力为 125.19kN，比无过江石的碉楼结构小 15.26%；实际碉楼结构的最大基底剪力为 115.03kN，比一般碉楼结构小 22.15%。由对比可知，无论是收分碉楼结构、鱼脊线碉楼结构、过江石碉楼结构还是实际碉楼结构，均小于一般碉楼结构的基底剪力。

一般碉楼结构的最大顶点位移为 22.07mm，墙体收分率为 3%的碉楼结构的最大顶点位移为 17.68mm，收分碉楼结构最大顶点位移比无收分碉楼结构最大顶点位移小 19.89%；鱼脊线夹角为 120°的碉楼结构最大顶点位移为 19.74mm，比无鱼脊线碉楼结构小 10.56%；12 根过江石碉楼结构的最大顶点位移为 18.91mm，比无过江石的碉楼结构小 14.32%；实际碉楼结构的最大顶点位移为 15.69mm，比一般碉楼结构小 28.91%。由对比可知，无论是收分碉楼结构、鱼脊线碉楼结构、过江石碉楼结构还是实际碉楼结构，均小于一般碉楼结构的最大顶点位移。

EL-Centro 波作用下五种碉楼结构的最大基底剪力和最大顶点位移如表 3.7 所示。由

表 3.7 可以看出：同表 3.6 一样，墙体收分能大大减小碉楼结构的最大基底剪力和最大顶点位移，碉楼墙体增加鱼脊线和过江石也能减小结构的最大基底剪力和最大顶点位移。因此，墙体收分、增加鱼脊线或者增加过江石都能使结构在受到地震作用时，底部产生较小剪力而不易发生破坏。

表 3.7　EL-Centro 波作用下碉楼结构的最大基底剪力和最大顶点位移

模型	最大基底剪力/kN	最大顶点位移/mm
一般碉楼结构	147.73	22.07
墙体收分率为 3%的碉楼结构	119.52	17.68
鱼脊线夹角为 120°的碉楼结构	130.43	19.74
过江石碉楼结构	125.19	18.91
实际碉楼结构	115.03	15.69

3. Kobe 波作用下桃坪羌寨碉楼结构的基底剪力、顶点位移分析

分别对五种碉楼结构模型输入地震烈度为Ⅶ度时的 Kobe 波进行动力弹塑性时程分析，提取五种不同影响因素下的碉楼结构模型的基底剪力和顶点位移，如图 3.69～图 3.72 所示。

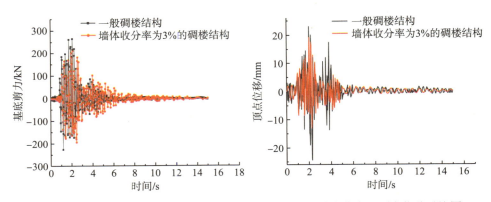

图 3.69　一般碉楼结构和墙体收分率为 3%的碉楼结构基底剪力、顶点位移对比图

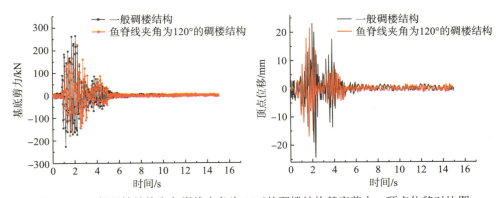

图 3.70　一般碉楼结构和鱼脊线夹角为 120°的碉楼结构基底剪力、顶点位移对比图

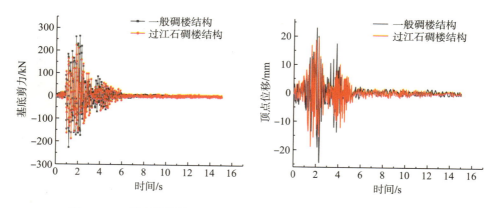

图 3.71　一般碉楼结构和过江石碉楼结构基底剪力、顶点位移对比图

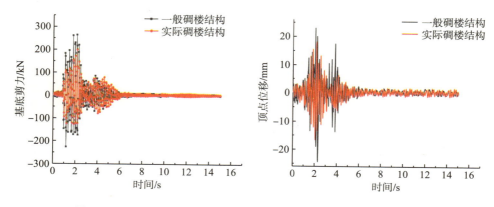

图 3.72　一般碉楼结构和实际碉楼结构基底剪力、顶点位移对比图

从图 3.69～图 3.72 中可以看出，一般碉楼结构(无收分、无鱼脊线、无过江石碉楼)的最大基底剪力为 261.34kN，墙体收分率为 3%的碉楼结构的最大基底剪力为210.95kN，收分碉楼结构基底剪力比无收分碉楼结构基底剪力小 19.28%；鱼脊线夹角为 120°的碉楼结构基底剪力为225.64kN，比无鱼脊线碉楼结构小 13.67%；12 根过江石碉楼结构的最大基底剪力为 221.54kN，比无过江石的碉楼结构小 15.23%；实际碉楼结构的最大基底剪力为 197.16kN，比一般碉楼结构小 24.56%。由对比可知，无论是收分碉楼结构、鱼脊线碉楼结构、过江石碉楼结构还是实际碉楼结构，均小于一般碉楼结构的基底剪力。

一般碉楼结构的最大顶点位移为 24.21mm，墙体收分率为 3%的碉楼结构的最大顶点位移为 19.13mm，收分碉楼结构最大顶点位移比无收分碉楼结构顶点位移小 20.69%；鱼脊线夹角为 120°的碉楼结构最大顶点位移为 21.32mm，比无鱼脊线碉楼结构小 11.94%；12 根过江石碉楼结构的最大顶点位移为 19.75mm，比无过江石的碉楼结构小 18.42%；实际碉楼结构的最大顶点位移为 17.83mm，比一般碉楼结构小 26.35%。由对比可知，无论是收分碉楼结构、鱼脊线碉楼结构、过江石碉楼结构还是实际碉楼结构，均小于一般碉楼结构的最大顶点位移。

　　Kobe 波作用下五种碉楼结构的最大基底剪力和最大顶点位移如表 3.8 所示。由表 3.8 可以看出，墙体收分、增加鱼脊线或者增加过江石都能使结构在经历地震时底部受到较小剪力而不易发生破坏。

表 3.8　Kobe 波作用下碉楼结构的最大基底剪力和最大顶点位移

模型	最大基底剪力/kN	最大顶点位移/mm
一般碉楼结构	261.34	24.21
墙体收分率为 3%的碉楼结构	210.95	19.13
鱼脊线夹角为 120°的碉楼结构	225.64	21.32
过江石碉楼结构	221.54	19.75
实际碉楼结构	197.16	17.83

3.4.3　罕遇地震作用下桃坪羌寨碉楼结构时程分析

　　罕遇地震同多遇地震一样，选取汶川波、EL-Centro 波和 Kobe 波来进行动力时程分析，且均调幅，碉楼结构模型选取和多遇地震分析的模型一致。

3.4.3.1　汶川波作用下桃坪羌寨碉楼结构基底剪力、顶点位移分析

　　分别对五种不同影响因素下的碉楼结构输入地震烈度为Ⅶ度时的汶川波进行弹塑性时程分析，把五种不同影响因素下的碉楼结构模型的基底剪力和顶点位移进行对比，如图 3.73～图 3.76 所示。

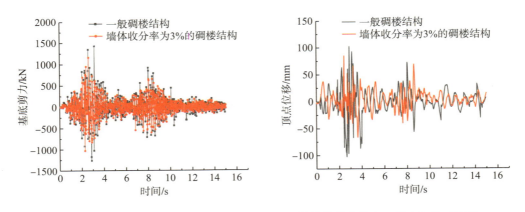

图 3.73　一般碉楼结构和墙体收分率为 3%的碉楼结构基底剪力、顶点位移对比图

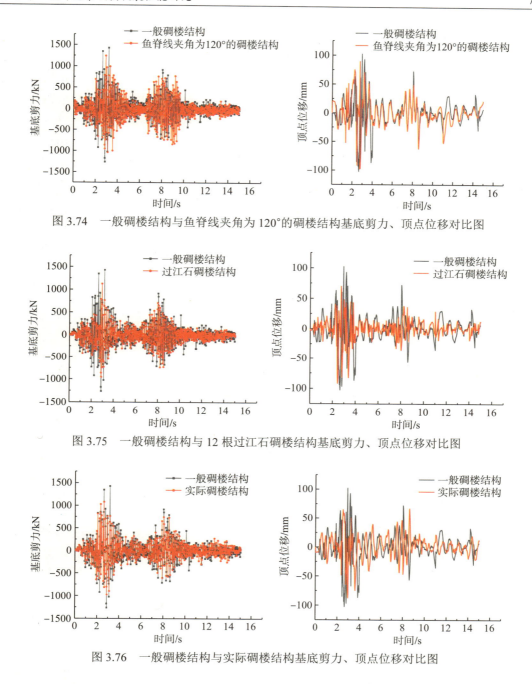

图 3.74 一般碉楼结构与鱼脊线夹角为 120° 的碉楼结构基底剪力、顶点位移对比图

图 3.75 一般碉楼结构与 12 根过江石碉楼结构基底剪力、顶点位移对比图

图 3.76 一般碉楼结构与实际碉楼结构基底剪力、顶点位移对比图

从图 3.73～图 3.76 中可以看出，一般碉楼结构(无收分、无鱼脊线、无过江石碉楼)的最大基底剪力为 1421.69kN，墙体收分率为 3% 的碉楼结构的最大基底剪力为 1149.26kN，收分碉楼结构基底剪力比无收分碉楼结构基底剪力小 19.16%；鱼脊线夹角为 120° 的碉楼结构基底剪力为 1235.99kN，比无鱼脊线碉楼结构小 13.06%；12 根过江石碉楼结构的最大基底剪力为 1121.88kN，比无过江石的碉楼结构小 21.09%；实际碉楼结构的最大基底剪力为 1061.19kN，比一般碉楼结构小 25.36%。由对比可知，无论是收

分碉楼结构、鱼脊线碉楼结构、过江石碉楼结构还是实际碉楼结构，均小于一般碉楼结构的基底剪力。

一般碉楼结构的最大顶点位移为 102.45mm，墙体收分率为 3%的碉楼结构的最大顶点位移为 83.31mm，收分碉楼结构最大顶点位移比无收分碉楼结构顶点位移小 18.68%；鱼脊线夹角为 120°的碉楼结构最大顶点位移为 88.56mm，比无鱼脊线碉楼结构小 13.56%；12 根过江石碉楼结构的最大顶点位移为 86.03mm，比无过江石的碉楼结构小 16.03%；实际碉楼结构的最大顶点位移为 78.51mm，比一般碉楼结构小 23.37%。由对比可知，无论是收分碉楼结构、鱼脊线碉楼结构、过江石碉楼结构还是实际碉楼结构，均小于一般碉楼结构的最大顶点位移。

汶川波作用下五种碉楼结构的最大基底剪力和最大顶点位移如表 3.9 所示，由表 3.9 可以看出，在碉楼结构受到相同地震波时，与一般碉楼结构相比，设置收分墙体的碉楼结构能大大减小结构底部所承受的最大基底剪力，同时减小了结构的最大顶点位移。鱼脊线碉楼和过江石碉楼的最大基底剪力和最大顶点位移在一定程度上也减小了，基底剪力的减小使结构底部受到较小剪力而不易发生破坏，提高了结构的抗震性能。

表 3.9　汶川波作用下碉楼结构的最大基底剪力和最大顶点位移

模型	最大基底剪力/kN	最大顶点位移/mm
一般墙体碉楼结构	1421.69	102.45
墙体收分率为 3%的碉楼结构	1149.26	83.31
鱼脊线夹角为 120°的碉楼结构	1235.99	88.56
过江石碉楼结构	1121.88	86.03
实际碉楼结构	1061.19	78.51

3.4.3.2　EL-Centro 波作用下桃坪羌寨碉楼结构基底剪力、顶点位移分析

分别对五种不同影响因素的碉楼结构输入地震烈度为Ⅶ度时的 EL-Centro 波进行弹塑性时程分析，提取五种不同影响因素下的碉楼结构模型的基底剪力和顶点位移，如图 3.77～图 3.80 所示。

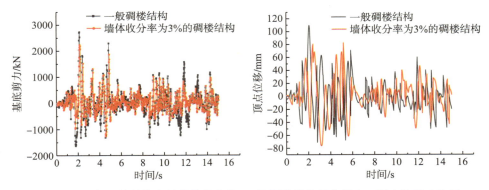

图 3.77　一般碉楼结构和墙体收分率为 3%的碉楼结构基底剪力、顶点位移对比图

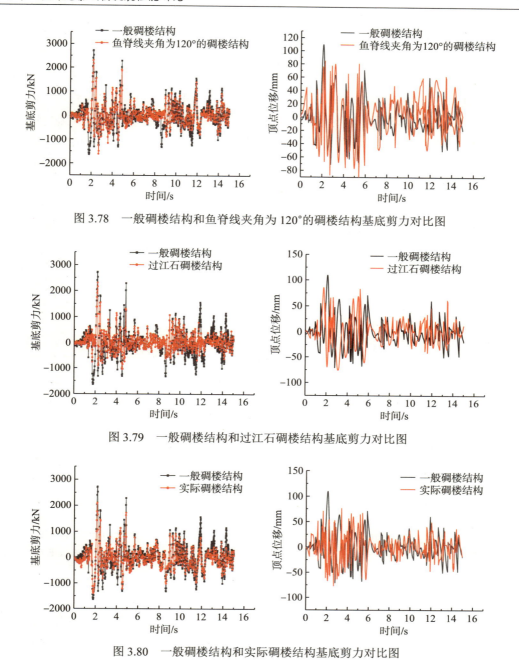

图 3.78   一般碉楼结构和鱼脊线夹角为 120°的碉楼结构基底剪力对比图

图 3.79   一般碉楼结构和过江石碉楼结构基底剪力对比图

图 3.80   一般碉楼结构和实际碉楼结构基底剪力对比图

从图 3.77～图 3.80 中可以看出，一般墙体的碉楼结构(无收分、无鱼脊线、无过江石碉楼)的最大基底剪力为 2734.29kN，墙体收分率为 3%的碉楼结构的最大基底剪力为 2234.72kN，收分碉楼结构基底剪力比无收分碉楼结构基底剪力小 18.27%；鱼脊线夹角为 120°的碉楼结构基底剪力为 2326.08kN，比无鱼脊线碉楼结构小 14.93%；12 根过江石碉楼结构的最大基底剪力为 2267.21kN，比无过江石的碉楼结构小 17.08%；实际碉楼结构的最大基底剪力为 2136.67kN，比一般碉楼结构小 21.86%。由对比可知，无论是收分碉楼结构、鱼脊线碉楼结构、过江石碉楼结构还是实际碉楼结构，均小于一般碉楼结构的基底剪力。

一般碉楼结构的最大顶点位移为 108.15mm，墙体收分率为 3%的碉楼结构的最大顶点位移为 82.13mm，收分碉楼结构最大顶点位移比无收分碉楼结构顶点位移小 24.06%；鱼脊线夹角为 120°的碉楼结构最大顶点位移为 87.95mm，比无鱼脊线碉楼结构小 18.68%；12 根过江石碉楼结构的最大顶点位移为 85.17mm，比无过江石的碉楼结构小 21.25%；实际碉楼结构的最大顶点位移为 77.84mm，比一般碉楼结构小 28.03%。由对比可知，无论是收分碉楼结构、鱼脊线碉楼结构、过江石碉楼结构还是实际碉楼结构，均小于一般碉楼结构的最大顶点位移。

EL-Centro 波作用下五种碉楼结构的最大基底剪力和最大顶点位移如表 3.10 所示。由表 3.10 可以看出，同表 3.9 一样，墙体收分能大大减小碉楼结构的最大基底剪力和最大顶点位移，碉楼墙体增加鱼脊线和过江石也能减小结构的最大基底剪力和最大顶点位移。因此，墙体收分、增加鱼脊线或者增加过江石都能使结构在受到地震作用时，底部产生较小剪力而不易发生破坏。

表 3.10   EL-Centro 波作用下碉楼结构的最大基底剪力和最大顶点位移

模型	最大基底剪力/kN	最大顶点位移/mm
一般墙体碉楼结构	2734.29	108.15
墙体收分率为 3%的碉楼结构	2234.72	82.13
鱼脊线夹角为 120°的碉楼结构	2326.08	87.95
过江石碉楼结构	2267.21	85.17
实际碉楼结构	2136.67	77.84

3.4.3.3   Kobe 波作用下桃坪羌寨碉楼结构基底剪力、顶点位移分析

分别对三种不同影响因素的碉楼结构输入地震烈度为Ⅶ度时的 Kobe 波进行弹塑性时程分析，提取三种不同影响因素下的碉楼结构模型的基底剪力和顶点位移与一般碉楼结构和实际碉楼结构对比，如图 3.81～图 3.84 所示。

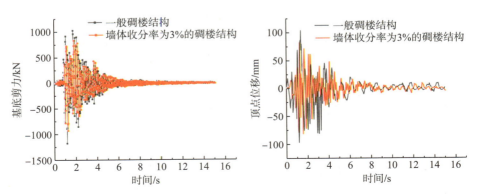

图 3.81   一般碉楼结构和墙体收分率为 3%的碉楼结构基底剪力、顶点位移对比图

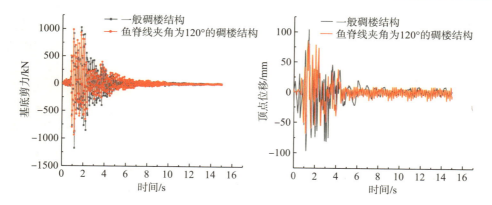

图 3.82　一般碉楼结构和鱼脊线夹角为 120°的碉楼结构基底剪力、顶点位移对比图

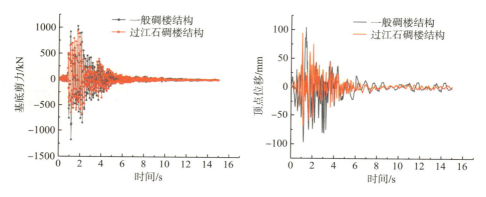

图 3.83　一般碉楼结构和过江石碉楼结构基底剪力、顶点位移对比图

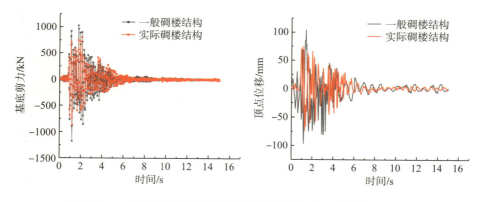

图 3.84　一般碉楼结构和实际碉楼结构基底剪力、顶点位移对比图

从图 3.81～图 3.84 中可以看出，一般碉楼结构(无收分、无鱼脊线、无过江石碉楼)的最大基底剪力为 1182.51kN，墙体收分率为 3%的碉楼结构的最大基底剪力为 931.17kN，收分碉楼结构基底剪力比无收分碉楼结构基底剪力小 21.25%；鱼脊线夹角为 120°的碉楼结构基底剪力为 991.65kN，比无鱼脊线碉楼结构小 16.14%；12 根过江石碉楼结构的最大基底剪力为 959.41kN，比无过江石的碉楼结构小 19.773%；实际碉楼结构

的最大基底剪力为 877.48kN，比一般碉楼结构小 25.81%。由对比可知，无论是收分碉楼结构、鱼脊线碉楼结构、过江石碉楼结构还是实际碉楼结构，均小于一般碉楼结构的基底剪力。

一般碉楼结构的最大顶点位移为 103.85mm，墙体收分率为 3%的碉楼结构的最大顶点位移为 82.91mm，收分碉楼结构最大顶点位移比无收分碉楼结构顶点位移小 20.16%；鱼脊线夹角为 120°的碉楼结构最大顶点位移为 89.52mm，比无鱼脊线碉楼结构小 14.07%；12 根过江石碉楼结构的最大顶点位移为 86.24mm，比无过江石的碉楼结构小 17.01%；实际碉楼结构的最大顶点位移为 75.41mm，比一般碉楼结构小 27.39%。由对比可知，无论是收分碉楼结构、鱼脊线碉楼结构、过江石碉楼结构还是实际碉楼结构，均小于一般碉楼结构的最大顶点位移。

Kobe 波作用下五种碉楼结构的最大基底剪力和最大顶点位移如表 3.11 所示。从表 3.11 可以看出，墙体收分、增加鱼脊线或者增加过江石都能使结构在经历地震时底部受到较小剪力而不易发生破坏。

表 3.11　Kobe 波作用下碉楼结构的最大基底剪力和最大顶点位移

模型	最大基底剪力/kN	最大顶点位移/mm
一般墙体碉楼结构	1182.51	103.85
墙体收分率为 3%的碉楼结构	931.17	82.91
鱼脊线夹角为 120°的碉楼结构	991.65	89.52
过江石碉楼结构	959.41	86.24
实际碉楼结构	877.48	75.41

3.5　桃坪羌寨碉楼结构的静力弹塑性分析

静力弹塑性分析又叫作"push-over 分析"或者"推覆分析"，它是分析建筑结构抗震性能的重要方法之一，依据结构的顶点位移来评估结构的抗震性能(潘文，2005)。静力弹塑性分析主要用于分析新建结构设计方案的抗侧向力，以及已有建筑的加固和抗震鉴定。

3.5.1　水平侧向力的分布模式

许多研究学者建议，静力弹塑性分析一般采用以下四种水平侧向力分布方式，如图 3.85 所示。从理论上说，水平侧向力分布能反映结构在地震作用下受到惯性力分布的特征。而实际上，不管选择哪种水平侧向力分布方式，只能得到当前分布方式下的振型作用，若未能考虑其他振型的作用，则不能反映结构的所有特性。

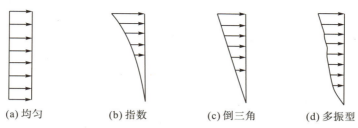

(a) 均匀　　　　(b) 指数　　　　(c) 倒三角　　　　(d) 多振型

图 3.85　水平侧向力分布方式示意图

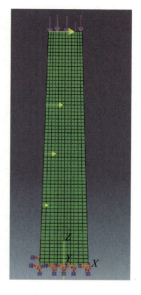

　　水平侧向力均匀分布的加载方式是指沿着结构的高度方向，与楼层质量成正比；指数分布加载模式是指水平侧向力沿着结构高度的方向，呈指数分布；倒三角分布加载方式是沿着结构的高度方向，与楼层的质量的高度成比例，它是指数分布的一种；多振型水平侧向力分布是随着结构的动力特性的改变不断变化的，它属于自适应分布模式。本章选择水平侧向力呈倒三角分布的加载方式来进行结构的静力弹塑性分析。

图 3.86　倒三角分布
加载方式

3.5.2　碉楼结构模型的选取和建立

　　碉楼结构静力弹塑性分析的模型建立 3.4 节多遇和罕遇地震一样，选取墙体收分率为 3% 的碉楼结构模型、鱼脊线夹角为 120° 的碉楼结构模型、过江石碉楼结构模型、实际碉楼结构和一般碉楼结构模型。为了更接近实际工程，同样采用分离式建模。以墙体收分率为 3% 的碉楼结构模型的加载方式为例，如图 3.86 所示。

3.5.3　计算结果分析

　　碉楼结构模型数值计算后，在后处理模块里提取出整体碉楼结构模型的基底剪力-顶点位移，并绘制出曲线如图 3.87 所示。

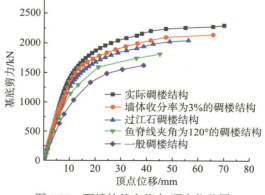

图 3.87　碉楼的基底剪力-顶点位移图

由图 3.87 可以得到，基底剪力随着结构顶点位移的增大有所增大。当结构处于弹性阶段时，随着顶点位移的增大，基底剪力的增幅明显，顶点位移与基底剪力呈现弹性关系；而当结构进入塑性阶段时，基底剪力的增幅随着顶点位移的增加变得缓慢，顶点位移和基底剪力呈现的是类抛物线曲线。

对比可知，一般碉楼结构最先进入塑性状态，进入塑性状态时的基底剪力为 1346.21kN，含过江石碉楼结构和鱼脊线夹角为 120°的碉楼结构的基底剪力分别为 1290.96kN 和 1462.15kN，墙体收分率为 3%的碉楼结构进入塑性阶段所需推覆力达 1572.66kN，实际碉楼结构进入塑性状态所需要的推覆力最大，为 1664.47kN，且刚度下降较慢。可以得出，墙体收分，墙体嵌入过江石以及增加墙体的鱼脊线夹角，均能提高碉楼结构的抗震性能。

3.6　提高桃坪羌寨碉楼结构抗震性能的措施

通过上述研究分析，针对如何提高桃坪羌寨碉楼结构抗震性能，本章提出以下建议。

(1)墙体收分既能减轻建筑主体的自重，又能降低重心，还能使墙体产生一个从下往上的斜支撑力，它既避免了墙体向外倾斜，又可以对碉楼墙体自身起到一个支撑作用，从而达到提高碉楼结构的刚度和稳定性，提高结构的抗震性能。根据对收分墙体的拟静力有限元计算和有收分墙体的碉楼的动力响应分析，本章得到墙体收分对碉楼的力学性能影响显著，其中最优墙体收分率范围为 2.75%～3.75%，且墙体收分在实际工程中容易实现。

(2)根据对鱼脊线墙体的拟静力有限元计算和鱼脊线碉楼结构的动力响应分析，本章得到鱼脊线夹角在 70°～120°时，墙体的刚度提高效果显著。鱼脊线对碉楼结构的作用主要体现在水平向和竖直向两方面。墙体每增加一根鱼脊线，从竖直和水平向上均提高了碉楼的稳定性，竖直向相当于增加了一根斜向上的变形支撑柱，水平向相当于在墙体的横截面上形成了多道匝状的三角形，而在力学上三角形具有较强的稳定性。由于有鱼脊线夹角的碉楼能从水平向和竖直向两个方向使碉楼的稳定性能增强，所以在抵御自然灾害时的能力也相应增强，只是实际施工有一定的难度。

(3)过江石对墙体中的生土和石块有一定的拉结作用，根据调研的震害资料，目前墙体保存较好的羌族房屋，都在墙体的转角或者中部处交替铺设了长石板、长条石或木条、圆木等。根据本章对过江石碉楼墙体和碉楼结构的分析，得到过江石能提高碉楼墙体的刚度，同时也能提高碉楼结构的抗震性能。

3.7　结　　论

(1)在低周循环荷载作用下，得到采用墙体收分形式能提高碉楼墙体的承载力和刚度，最优的碉楼墙体收分率为 3%，最优鱼脊线夹角为 90°，最优过江石数量为 12 根。

　　(2)通过地震荷载作用时对整体碉楼结构有限元模型的多遇和罕遇时程响应分析，结果表明：无收分结构的碉楼墙体，结构自重偏大，当相同地震荷载作用时，其基底剪力和结构刚度也偏大；设置鱼脊线夹角的碉楼从竖直和水平向上均提高了碉楼结构的稳定性；含过江石碉楼结构能使石材和泥土间拉结力更大，在相同地震波下同样受到更小的地震荷载影响。

　　(3)设置墙体收分、墙体嵌入过江石以及在墙体外部修砌鱼脊线均能提高碉楼结构的抗震性能。

　　(4)综合考虑碉楼结构的受力性能和施工难度，推荐桃坪羌寨碉楼结构选择方案的顺序为设置碉楼墙体收分、碉楼墙体内嵌入过江石、墙体外部修建鱼脊线。

第 4 章　窗洞口对桃坪羌寨碉楼抗震性能的影响研究

本章研究内容：①分离式建模并利用既有试验来验证。用 Python 所带有的编程功能对 ABAQUS 软件进行再次开发分离式建模，接着通过对比荷载-位移曲线来计算并验证用此种分离式建模方式来建立模型的可靠性。②窗洞口对开洞碉楼单片墙体的力学性能影响分析。将开洞率这一因素分为 3 组，开洞形状分为方形、梯形、圆形、矩形，洞口排列规则与否分为排列规则和排列不规则，并在团队前阶段研究获得的有限元参数基础上，利用拟静力试验分析开洞率、开洞形状、洞口排列规则与否三种开洞情况对碉楼墙体抗侧向刚度的影响，分别得到墙体模型的滞回曲线、骨架曲线、刚度退化曲线，最后得到最佳开洞情况。③建立五种开洞碉楼结构并分别对其进行动力特性分析。以桃坪羌寨整座碉楼结构为研究对象，从开洞率、开洞形式、洞口排列规则与否三个影响因素中选择典型参数，建立五种碉楼结构有限元模型，并分别对其进行动力特性分析，得到相对应碉楼的振型、自振频率和周期等自振特性。④对多遇和罕遇地震作用下碉楼结构进行时程响应分析。讨论开洞率、开洞形式、洞口排列规则与否三种开洞情况在三种地震波作用下对开洞碉楼的影响，得到不同地震作用下开洞碉楼的顶点位移曲线和基底剪力曲线，并提取其最大顶点位移曲线和最大基底剪力，针对桃坪羌寨开洞碉楼提出开洞优化的相关建议。

4.1　桃坪羌寨碉楼及其窗洞口布置介绍

4.1.1　碉楼历史与功能划分

四川汶川县、茂县、理县和北川县遍布着众多的碉楼建筑。藏羌碉楼是我国西南地区自然文化景观遗产，布局宏伟，保存完好，文化内涵丰富，景观环境优美(程远蝶，2018；崔利富等，2018)。羌族碉楼可分为 3 种类型，如表 4.1 所示，其外观形式多样，有四角碉、五角碉、六角碉和八角碉等类型，顾名思义它们分别有四边、五边、六边和八边等。按照功能，羌族碉楼还可细分为 4 类：一是官寨碉，它代表着土司官寨的权力和地位，也有防御功能，是一种四角碉楼；二是防御碉，位于连接村寨内外的交通关隘处，大多用于军事防御，造型不一，有四角、五角、六角、八角；三是预警碉，建造在山岭的空阔地带处，方便打仗时用来传声预警和点燃烽烟来传意，类似古代的烽火狼烟，所以也叫"烽火碉"，也是一种四角碉楼；四是储藏碉，一般与碉房连建，房主可以用此来储藏贵重物品防止外来人抢掠夺取，造型各有不同，有四角、五角和八角等，碉楼通常高 10～20m（董耀华和佘永清，2021）。

表 4.1　羌族碉楼分类

	战碉	房碉/碉房	村碉/寨碉
用途	军事作战与观察	居住、贮藏贵重财物	御敌、预警、权力与地位的象征
造型	四角、五角、六角、八角	四角、五角、八角等	四角
高度	高于 30m	约 10m	高于 15m

4.1.2　碉楼窗洞口布置特点

桃坪羌寨碉楼的门窗洞口是不对称的，窗口大小各不相同、窗洞口排列较不规则且间距不一，相邻墙的窗洞口高度不一（何威，2017）（图 4.1）。这样的设置势必会导致碉楼抗震性能的降低，因为开洞墙体受到地震影响时，洞口四周会产生明显的应力集中，从而导致墙体的受力性能大幅降低，洞口四周成为构件抵抗外力最为脆弱的部位，加之开窗洞口的墙体会使其平面内的刚度和抗剪承载力减小，而碉楼开洞的大小不一及排列不规则又使得其在地震作用下整体结构产生扭转变形，从而加大地震震害（高明，2009；高峰，2019）。

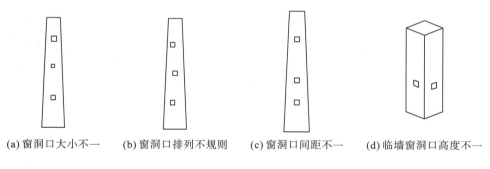

(a) 窗洞口大小不一　　(b) 窗洞口排列不规则　　(c) 窗洞口间距不一　　(d) 临墙窗洞口高度不一

图 4.1　当地碉楼窗洞口布置图

羌族聚落建筑窗户形式有很多种，这里仅列举两种典型形式。一种是在外墙上开多个方形窗洞，内外都没有窗框，此窗洞宽度一般较小，为 30～50cm，其特点是内大外小、剖面如斗、坚固实用，可遮风雨、避烟尘。由于羌族地区气候寒冷、风大，在外墙上开设小面积的外窗，可以减少室内热量的散失。另一种窗户设置在墙外立面高处，尺寸较上一种大，窗户上部用一根横木穿入墙体内部，窗口四周用木质窗框加固，窗洞还会利用塑料薄膜进行封闭以起到防风保暖的作用。

如图 4.2 所示，漏斗形的窗洞在保证采光面积的同时，还可防止寒风的侵入，夏季还有遮阳的作用；此外，有紧急情况时人们会转移物资和人至碉内，但现在的碉楼已经改变了它古代传承下来的御敌、预警和通风报信的使用价值，更多的是贮藏物品等日常性的储存功能，较少时候会体现居住的功能；为增加室内采光和通风，当地民居会在顶部多开设升窗，即天窗。碉内各层的使用功能：底层用来圈养家畜、储藏物品，中间层则为人类提供躲藏期间的生活必要空间，顶层可能会设经堂用来祭祀诵佛。不但墙呈四方锥形立体，立面呈等腰梯形，外形一律取堡垒形且基础厚度较厚，自下而上呈收分特点，而且窗洞形状也可为等腰梯形，如图 4.3 所示。这种特点使碉楼结构的稳定性更好，可降低地震作用对建筑的破坏程度。

图 4.2　漏斗形窗洞　　　　　　　　　图 4.3　等腰梯形窗洞

如开洞碉楼的窗洞口不对、称大小各不相同、窗洞口排列较不规则且位置是随机分布的，在地震作用下，窗洞口会产生变形，严重的还会产生沿洞角展开并向洞口四周发散的裂缝。综上所述，研究碉楼的开洞情况是有必要的。

4.2　有限元理论与模型建立

本节结合阿坝州生土石砌体墙的抗剪性能试验研究方法，利用有限元软件 ABAQUS 建立了与试验参数一致的生土石砌体墙的有限元模型，并与既有试验结果进行对比，验证了利用有限元软件 ABAQUS 研究生土石砌体结构力学性能的可行性。此外，在不考虑石头与泥土之间的黏结和滑移作用的情况下，利用 Python 对 ABAQUS 数值模拟出的模型进行二次开发，并对生土石砌体墙完成分离式建模和模型计算，验证了本章有限元模型的正确性，为后续研究不同开洞情况对碉楼墙体受力性能的分析打下基础。

4.2.1　既有模型选择

既有试验概述、参数选取、参数化编程、建模过程同 3.2 节。

4.2.2　计算结果验证

4.2.2.1　破坏模式对比

甄昊（2016）的试验结果破坏图和本章有限元结果分别如图 4.4 和图 4.5 所示。可以看出在试验构件的加载过程中，墙体会逐步产生裂缝，并且裂缝会沿荷载加载处的一角向下 45°方向的相对角呈阶梯形状展开，所以灰缝处为结构薄弱环节，裂缝多出现在力学性能较差的灰缝位置，最后随着加载位移变大，裂缝最终会贯穿整个墙面导致其破坏，即脆性破坏，可以证明生土石砌体墙抗剪能力，与石材尺寸外观是否均匀、黏土与石材间黏结性是否良好、修砌工艺等因素紧密相关。在有限元模拟中，墙体模型的单元失效也始于加载梁底部，即墙体底部首先产生裂缝，随后裂缝开始从墙体顶部水平方向延伸，当荷载继续增加时，则墙体会发生斜向剪切应力变大的情况，产生斜向裂缝，有限元模拟也是会发生斜向 45°剪切破坏，试验破坏与有限元结果较为一致。

　　　　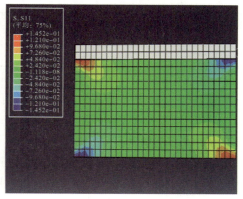

图 4.4　试验结果破坏图　　　　　　　　图 4.5　有限元结果云图

4.2.2.2　应力应变对比

通过软件模拟得出耦合加载点的荷载、位移数据，进而绘制出水平荷载作用下的荷载-位移曲线，再与甄昊（2016）有限元结果进行曲线对比，如图 4.6 所示。由图中可以看出，刚开始施加水平位移时，曲线斜率最大即荷载变化速率较大，基本呈现线弹性变化；随着位移的增大，曲线逐渐变得平缓即荷载变化速率变小，慢慢达到屈服；最后加载到一定位移时，水平抗剪承载力达到峰值。由图可知，两条曲线基本都为这种破坏模式，差异不大，较为吻合。

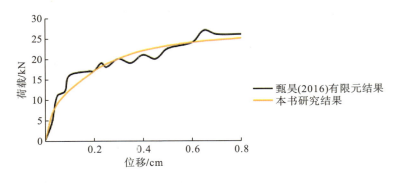

图 4.6　水平作用下荷载-位移曲线

4.2.2.3　承载力对比

甄昊(2016)有限元结果、本书研究结果和试验测得的抗剪承载力峰值对比如表 4.2 所示。

表 4.2　抗剪承载力峰值对比

	甄昊有限元结果/kN	本书研究结果/kN	试验结果/kN	甄昊有限元结果与试验结果对比/%	本书研究结果与试验结果对比/%
抗剪承载力峰值	24.3	23.7	20.7	17.4	14.5

甄昊(2016)有限元结果和本书研究结果得出的抗剪承载力峰值分别是 24.3kN 和 23.7kN，试验测得的抗剪承载力峰值是 20.7kN，甄昊(2016)有限元结果和本书研究结果的峰值分别比试验结果高 17.4%和 14.5%。本书研究结果与试验结果的差值比甄昊(2016)有限元结果与试验结果的差值小的原因可能是选取墙体单元不同和建模方式的不同，而两种有限元结果都比试验结果高的原因可能是两种有限元模拟都缺少试验外界环境的干扰，比试验更接近理想状态。比较甄昊(2016)有限元结果和本书研究结果，本书研究结果和试验结果较为吻合，可得出：用有限元软件模拟石砌体结构性能的方式是可行的，用这种编写程序的分离式建模方法也是值得信赖的。

4.3　开窗洞碉楼墙体力学性能分析

基于 2.2 节材料力学性能试验以及 4.2 节验证了分离式建模的合理性，本节继续采用分离式建模。桃坪羌寨碉楼的建筑材料特殊，窗洞开洞较小，加之该种碉楼窗洞上下排列、上下间距参差不齐，因此，本节主要研究碉楼不同门窗洞口影响因素(即开洞率、开洞形状、洞口排列规则与否)在低周往复荷载作用下力学性能的变化，通过绘制三种变化曲线(滞回曲线、骨架曲线、刚度曲线)得出对碉楼墙体抗侧向刚度影响最小的最优开洞情形或最利好的开洞参数取值。

4.3.1　建立碉楼墙体模型

本书作者团队前期进行了生土砂浆立方体抗压强度试验、土的直接剪切试验和岩石的单轴压缩试验(邹金凤，2019)，本章有限元的材料参数均取自其试验结果。通过以上试验得到：生土砂浆的黏聚力为 20.99kPa，抗剪强度为 0.404MPa，内摩擦角为 27.07°；岩石的泊松比为 0.15，内摩擦角为 26.1°，弹性模量为 6.42GPa，抗压强度为 23.37MPa，黏聚力为 8300kPa。

根据实地考察得到王家碉楼(开三洞)和陈家碉楼(开一洞)墙体的具体尺寸与洞口情况，其中碉楼宽 3m，如表 4.3 所示。碉楼由四面墙体构成，并根据邹金凤(2019)研究确定的材料参数来建立有限元模型。

表 4.3　墙体尺寸

碉楼	墙高/m	开洞率/%	开洞形状	洞口排列	洞口数/个
王家碉楼	12	约 3	方形	不规则	3
陈家碉楼	12	约 1	方形	—	1

本节的荷载加载方式及边界条件约束与上节一致，即将加载点与碉楼墙体顶部左侧表面进行耦合并使用位移加载方式，约束墙体底部表面所有自由度及加载平面外方向的自由度。以开洞碉楼为例，有限元模型示意图如图 4.7 所示。

图 4.7　有限元模型示意图

4.3.2　开洞率

4.3.2.1　设置开洞率

本章根据王家碉楼实测尺寸建模，为了简化模型使结果更准确，只改变开洞率(3%～

5%、6%~8%、9%~11%)和洞口在碉楼墙面的几何中心,后文的墙面洞口皆是如此,以开洞率为1%的碉楼墙体为例,如图4.8所示。

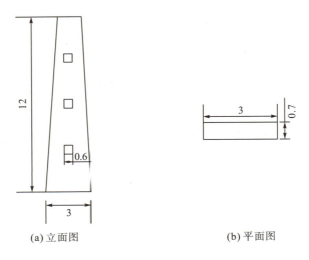

(a) 立面图　　　　　　　　　　　　(b) 平面图

图 4.8　单个开洞墙体(单位:m)

4.3.2.2　往复加载受力性能分析

1. 滞回曲线

滞回曲线的本质是构件在往复加载和卸载作用下形成的荷载-位移曲线,能够较为详细地反映耗能能力、承载力、延性以及刚度退化规律等抗震性能指标,如果单从曲线直观地看,滞回曲线越近饱满,即曲线包含面积越大,则该构件耗能能力突出,能够吸收较大部分地震所释放的能量,即抗震性能越优。为了更好观察该曲线,将开洞率分为3组来研究,即3%~5%、6%~8%、9%~11%,如图4.9~图4.11所示。

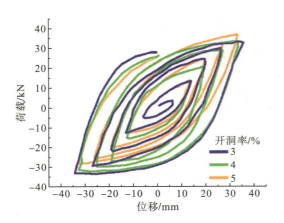

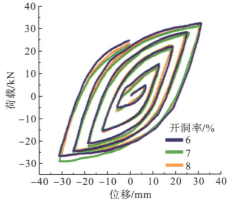

图 4.9　开洞率为 3%~5% 的滞回曲线　　　　图 4.10　开洞率为 6%~8% 的滞回曲线

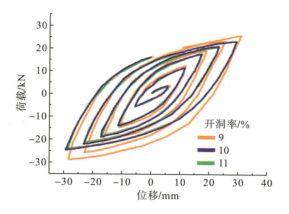

图 4.11　开洞率为 9%～11%的滞回曲线

可以看出：图 4.9～图 4.11 的滞回曲线由饱满趋于不饱满，且滞回环面积逐步减小，由梭形逐渐变为弓形。开洞率为 3%的曲线最为饱满，开洞率为 11%的曲线最不饱满。

2. 骨架曲线

骨架曲线是把滞回曲线上各级加载的荷载峰值用平滑线依次相连，是每次循环往复加载达到的水平力最大峰值的轨迹，反映构件在不同阶段的变形特征、极限荷载和极限位移等关键指标。根据图 4.9～图 4.11 绘制不同开洞率墙体的骨架曲线，如图 4.12～图 4.14 所示。

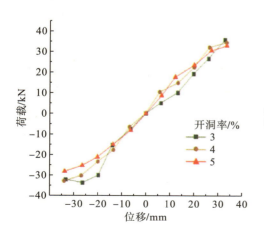

图 4.12　开洞率为 3%～5%的骨架曲线

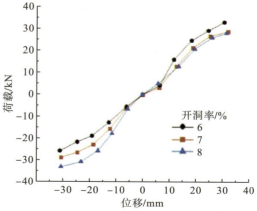

图 4.13　开洞率为 6%～8%的骨架曲线

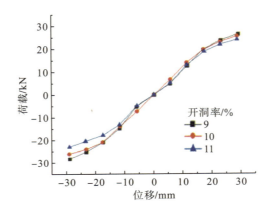

图 4.14　开洞率为 9%～11% 的骨架曲线

由图 4.12～图 4.14 可知，开洞率为 3%、4%、5% 的墙体在加载位移分别为 34.02mm、33.66mm、32.98mm 时达到极限位移，极限荷载分别为 35.81kN、34.49kN、32.91kN；开洞率为 6%、7%、8% 的墙体在加载位移分别为 32.11mm、31.70mm、31.12mm 时达到极限位移，极限荷载分别为 30.61kN、29.83kN、28.07kN；开洞率为 9%、10%、11% 的墙体在加载位移分别为 29.14mm、28.79mm、28.16mm 时达到极限位移，极限荷载分别为 27.38kN、26.47kN、23.88kN；综上，随着开洞率的增大，破坏位移和破坏荷载都在不同程度地减小，开洞率为 3% 的墙体承载力最大、延性最强，开洞率为 11% 的墙体承载力最小、延性最差，且开洞率为 3% 的墙体承载力比开洞率为 11% 的墙体承载力高 38.54%。

3. 刚度退化曲线

因为骨架曲线所反映的轨迹是每级加载的承载力峰值组成的，无法反映位移增加值不变情况下墙体的承载力变化，因此引入刚度退化曲线来反映墙体的刚度变化特征是必要的。刚度退化是指在位移幅值固定的情况下，墙体的刚度随着施加往复加载次数的变多而降低的特征。不同开洞率墙体的刚度退化曲线如图 4.15～图 4.17 所示。

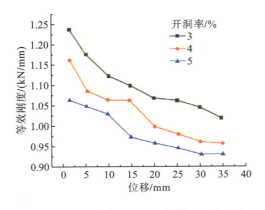

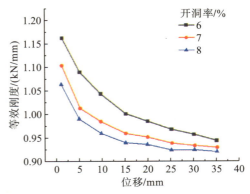

图 4.15　开洞率为 3%～5% 的刚度退化曲线　　　图 4.16　开洞率为 6%～8% 的刚度退化曲线

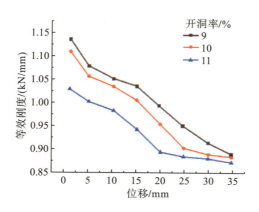

图 4.17　开洞率为 9%～11%的刚度退化曲线

由图 4.15～图 4.17 可知，每幅图都呈现同样的规律，即随着位移的增加，等效刚度不断降低，且在加载的开始阶段，等效刚度下降得比较快，但随着碉楼墙体位移越来越大，刚度比开始阶段下降得缓慢。随着开洞率的增大，等效刚度变化越不平稳且越来越小，开洞率为 3%的墙体初始刚度最大，其值为 1.24kN/mm，等效刚度最小的是开洞率为 11%的墙体，其值为 1.13kN/mm，前者比后者高 9.73%，开洞率高于 10%的墙体刚度变化更大。

综上，分析滞回曲线、骨架曲线和刚度退化曲线可知，王家碉楼的开洞率设置为 1.8%时较为合理，因为随着开洞面积扩大，此类碉楼的抗侧向刚度会不断减小，且开洞率高于10%后，抗侧向等效刚度降低的速率会变大，所以本书建议，在满足通风采光、防寒风和遮阳的基本条件下，尽量减少开洞率，且不要将开洞率设置为超过 10%。

4. 开洞墙体耗能分析

利用滞回曲线计算出的滞回环面积是碉楼墙体在循环往复加载过程中耗能能力强弱的表现形式，通过计算得出，开洞率为 3%的墙体的滞回环面积最大，说明其耗能能力最强，然而随着开洞率增大，滞回环面积逐步减小，说明耗能能力不断变差，进而得出开洞率为 3%的墙体模型的能量耗散系数 E 最大，其值为 0.4972，且随开洞面积的增大而减小。

4.3.3　开洞形状

4.3.3.1　设置开洞形状

本节研究开洞形状的方法与 4.3.2 节相同，即不改变开洞率，不改变开洞位置（位于墙体几何中心），只改变开洞形状（正方形、等腰梯形、圆形和矩形）。为了便于观察，开洞率都设置为典型值 10%。四种开洞形状示意图如图 4.18 所示。

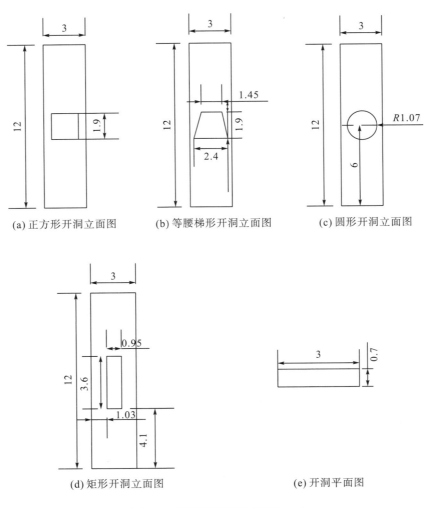

(a) 正方形开洞立面图　　　(b) 等腰梯形开洞立面图　　　(c) 圆形开洞立面图

(d) 矩形开洞立面图　　　　　　　(e) 开洞平面图

图 4.18　四种开洞形状(单位：m)

4.3.3.2　往复加载受力性能分析

1. 滞回曲线

开洞形状为等腰梯形、圆形、正方形和矩形墙体模型的滞回曲线如图 4.19～图 4.21 所示，图 4.21 是分别提取图 4.19 中较小滞回环面积(圆形)和图 4.20 中的较大滞回环面积(正方形)形成的滞回曲线。

由图 4.19～图 4.21 可知，开洞形状为等腰梯形和圆形的滞回曲线较为饱满，接近梭形，而正方形和矩形则没有前者饱满，接近弓形。

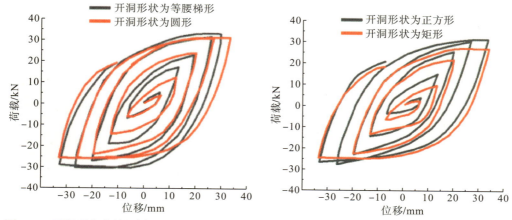

图 4.19　开洞形状为等腰梯形和圆形的滞回曲线　图 4.20　开洞形状为正方形和矩形的滞回曲线

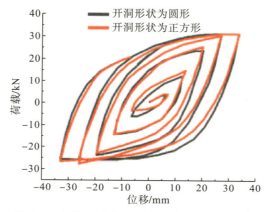

图 4.21　开洞形状为圆形和正方形的滞回曲线

2. 骨架曲线

根据前文的各个开洞形状的滞回曲线绘制骨架曲线，如图 4.22～图 4.24 所示，图 4.24 是分别提取图 4.22 中较差开洞形状(圆形)和图 4.23 中较优开洞形状(正方形)的骨架曲线。

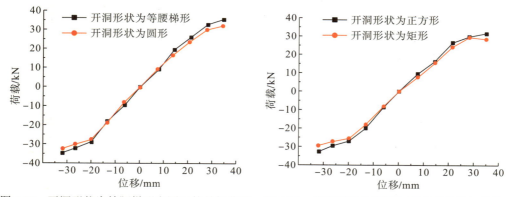

图 4.22　开洞形状为等腰梯形和圆形的骨架曲线　图 4.23　开洞形状为矩形和正方形的骨架曲线

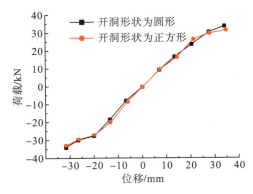

图 4.24　开洞形状为圆形和正方形的骨架曲线

由图 4.22～图 4.24 可知，开洞形状为等腰梯形和圆形的墙体在加载位移分别为 33.4mm 和 32.03mm 时达到极限位移，极限荷载分别为 35.74kN 和 32.94kN；开洞形状为矩形和正方形的墙体在加载位移分别为 32.23mm 和 31.70mm 时达到极限位移，极限荷载分别为 30.61kN 和 31.83kN。综上，开洞形状为等腰梯形的墙体模型承载力比开洞形状为圆形的墙体高 6.4%，开洞形状为正方形的墙体模型承载力比开洞形状为矩形的高 5%，开洞形状为等腰梯形的墙体承载力最大、延性最强，开洞形状为矩形的墙体承载力则最小、延性最差，所以各个开洞形状的墙体承载力排序为：等腰梯形＞圆形＞正方形＞矩形。

3. 刚度退化曲线

各个开洞形状墙体的刚度退化曲线如图 4.25～图 4.27 所示，图 4.27 是分别提取图 4.25 中较优开洞形状（圆形）和图 4.26 中较差开洞形状（正方形）的刚度退化曲线。

由图 4.25～图 4.27 可知，开洞形状为等腰梯形的墙体的初始刚度最大，其值为 1.149kN/mm，开洞形状为圆形和正方形的墙体初始刚度依次减小，开洞形状为矩形的墙体的初始刚度最小，其值为 1.02kN/mm，前者的初始刚度比后者大 12.6%。所以各个开洞形状的墙体初始刚度的排序同样为：等腰梯形＞圆形＞正方形＞矩形。

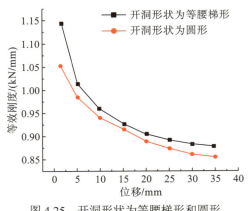

图 4.25　开洞形状为等腰梯形和圆形的刚度退化曲线

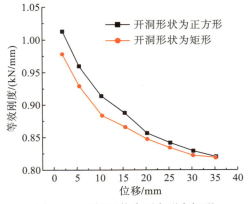

图 4.26　开洞形状为正方形和矩形的刚度退化曲线

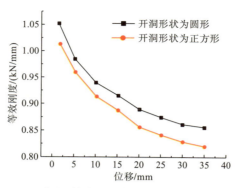

图 4.27　开洞形状为圆形和正方形的刚度退化曲线

综上所述，分析各个开洞形状的滞回曲线、骨架曲线和刚度退化曲线可知，开洞形状为等腰梯形、圆形、正方形、矩形的墙体的抗侧向刚度依次减小，所以本书给出建议，如果不考虑碉楼的外观形象，可以将碉楼的窗洞设置为等腰梯形，但如果考虑其外观形象，可设置为圆形和正方形较为妥当，不建议使用扁平的矩形窗洞。

4. 开洞墙体耗能分析

通过计算得出开洞形状为等腰梯形的墙体的滞回环面积最大，说明其耗能能力最强，然而形状改变为圆形、正方形、矩形，滞回环面积则逐步减小，说明其耗能能力不断变差。进而得出，开洞形状为等腰梯形的墙体模型的能量耗散系数 E 最大，其值为 0.5023，且圆形、正方形、矩形依次减小。

4.3.4　洞口排列是否规则

4.3.4.1　设置排列方式

为了便于观察和简化模型，开洞率设置为典型值 10%，开洞形状皆为正方形，洞口排列示意图如图 4.28 所示。

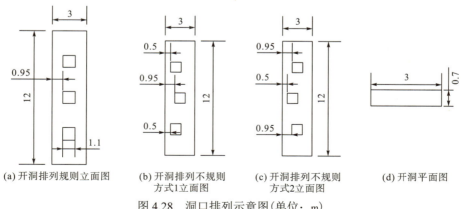

图 4.28　洞口排列示意图(单位：m)

4.3.4.2　往复加载受力性能分析

1. 滞回曲线

洞口排列规则，洞口排列不规则方式1、方式2碉楼墙体的滞回曲线如图4.29所示。由图4.29可知，三种滞回曲线都比较饱满，接近弓形。

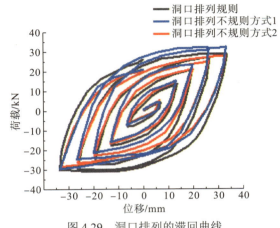

图4.29　洞口排列的滞回曲线

2. 骨架曲线

根据图4.29绘制骨架曲线，如图4.30所示。由图4.30可知，洞口排列规则的墙体模型在位移加载到20.37mm时达到屈服，屈服荷载为21.93kN，加载到32.01mm时达到极限位移，极限荷载为25.45kN；洞口排列不规则方式1的墙体模型在位移加载到19.89mm时达到屈服，屈服荷载为20.66kN，加载到32.23mm时达到极限位移，极限荷载为22.85kN；洞口排列不规则方式2的墙体模型在位移加载到20.55mm时达到屈服，屈服荷载为21.45kN，加载到32.27mm时达到极限位移，极限荷载为22.11kN。可以从曲线比较中得出，洞口排列规则的墙体模型的极限承载力最高，洞口排列不规则方式1和方式2极限承载力较为接近，但前者略高于后者。

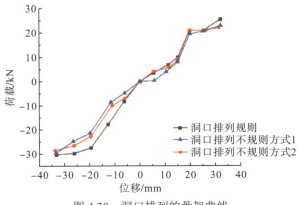

图4.30　洞口排列的骨架曲线

3. 刚度退化曲线

墙体洞口排列的刚度退化曲线如图 4.31 所示。由图 4.31 可知，洞口排列规则的墙体模型刚度退化曲线与两种排列不规则的刚度曲线差异较大，而排列不规则方式 1 和方式 2 曲线很接近，但是前者的刚度大于后者，所以洞口排列规则与否对碉楼墙体模型的刚度影响较大。洞口排列规则墙体模型的最终刚度是 0.97kN/mm，洞口排列不规则方式 1 和方式 2 墙体模型的最终刚度分别是 0.89kN/mm 和 0.88kN/mm，洞口排列规则墙体模型的刚度分别比洞口排列不规则方式 1 和方式 2 墙体模型高 9.0% 和 10.2%。

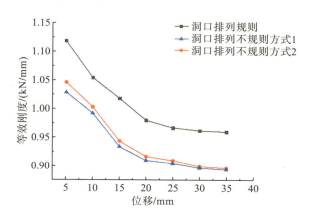

图 4.31　洞口排列的刚度退化曲线

综上所述，墙体的洞口排列规则可以提高其抗侧向刚度，当洞口排列不规则时，不同的不规则排列方式对墙体刚度影响较小，所以王家碉楼洞口不规则的排列方式不合理，建议洞口保持在一条竖直线上，上下洞口间距保持一致。

4. 开洞墙体耗能分析

通过计算得出洞口排列规则墙体的滞回环面积最大，说明其耗能能力较强，然而不同不规则排列方式墙体的滞回环面积都小且差距不大，说明其耗能能力较弱，进而得出洞口排列规则的墙体模型的能量耗散系数 E 最大，其值为 0.4865。

4.4　多遇地震作用下桃坪羌寨开洞碉楼抗震性能分析

4.3 节通过有限元分离式建模研究了碉楼墙体在不同开洞率、开洞形状和洞口排列在低周往复荷载作用下受力性能，并得到对碉楼墙体抗侧向刚度影响最小的最优开洞情形，而其结论是否对碉楼结构同样有效还需要进一步探讨。

本节在之前研究的基础上以桃坪羌寨整座碉楼为研究对象，从开洞率影响因素中选择典型值 10%，在开洞形式、洞口排列规则与否两个影响因素中选择典型参数，即等腰梯形的开洞形式和洞口排列规则,建立五种碉楼结构有限元模型,并分别对其进行动力特性分析和多遇地震作用下时程响应分析,得到相对应碉楼的振型、自振频率和周期,对比五种碉楼结构的自振特性,然后选取地震波来比较这五种模型的抗震性能,得到三类开洞因素对整座碉楼抗震性能的影响。

4.4.1　动力特性分析

4.4.1.1　参数选取

4.3 节研究了各种开洞情况下碉楼墙体的抗侧向刚度,得到随着碉楼墙体开洞面积的增大,其承载力和刚度都依次减小;相比于其他开洞形状,等腰梯形的抗侧向刚度最优;洞口排列规则的碉楼墙体能提高其抗侧向刚度。对于碉楼结构开洞率参数值的选择,本节选取各个开洞率数值中 10%典型值的碉楼结构模型,对于碉楼结构开洞形状参数的选择,本节选取开洞形状为等腰梯形的碉楼结构(开洞率为 1%)模型,而对于碉楼结构洞口排列规则与否的参数选择,本节选择洞口排列规则的碉楼结构(开洞率为 3%)模型,把这三种开洞情况的碉楼结构与当地实际碉楼结构(开一洞碉楼、开三洞碉楼)进行比较,分析研究开洞碉楼的抗震性能。其中,当地实际开一洞碉楼开洞率为 1%,开洞形状为正方形,当地实际开三洞碉楼开洞率为 3%,开洞形状也为正方形。

4.4.1.2　模型建立

利用 ABAQUS 软件来建立开洞碉楼的有限元模型,开洞率为 10%的碉楼结构如图 4.32 所示,与当地碉楼开洞率(1%)相同且开洞形状为等腰梯形的碉楼结构如图 4.33 所示,与当地碉楼开洞率(3%)相同且洞口排列规则的碉楼结构如图 4.34 所示,当地实际开一洞的碉楼结构如图 4.35 所示,当地实际开三洞的碉楼结构如图 4.36 所示。

图 4.32　开洞率为 10%　　图 4.33　开洞率为 1%、开洞形状　　图 4.34　开洞率为 3%、开洞
的碉楼结构　　　　为等腰梯形的碉楼结构　　　排列规则的碉楼结构

图 4.35   当地实际开一洞的碉楼结构   图 4.36   当地实际开三洞的碉楼结构

4.4.1.3   荷载和边界条件

模态分析时只需要约束碉楼底面的所有自由度，即把底面固定住，且在加载荷载这一步不用施加其他任何荷载，以 10%开洞率的碉楼结构为例，边界条件布置如图 4.37 所示，而在碉楼结构进行地震作用下的时程分析时，对模型施加 Y 方向的重力荷载，将碉楼底面固定住并在其底端施加 Z 方向地震波，时程分析荷载和边界条件布置如图 4.38 所示，以 10%开洞率的碉楼结构为例。

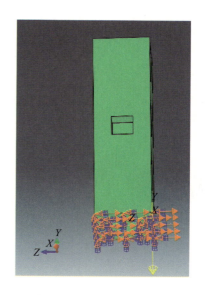

图 4.37   模态分析边界条件布置示意图   图 4.38   时程分析荷载和边界条件布置示意图

4.4.2 多遇地震作用下桃坪羌寨开洞碉楼时程响应分析

4.4.2.1 地震波的选取

地震波的选取同 3.4.2.1 节。

多遇地震作用下汶川波 α =55/52.6=1.05，EL-Centro 波作用下 α =55/58.4=0.942，Kobe 波作用下 α =55/35.1=1.567。

所以在进行多遇地震的时程响应分析时，应该在各个原地震波的记录峰值上乘以对应的 α 值后再进行。

4.4.2.2 时程响应分析

1. 汶川波作用下桃坪羌寨开洞碉楼结构的顶点位移、基底剪力分析

对五种开洞碉楼结构输入汶川波，分别提取其顶点位移、基底剪力响应并进行对比，如图 4.39～图 4.41 所示。

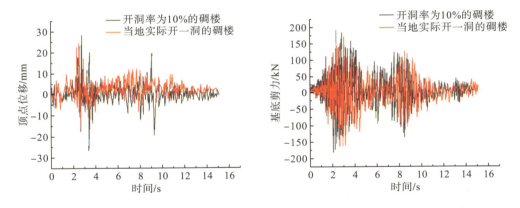

图 4.39　当地实际开一洞的碉楼与开洞率为 10% 的碉楼顶点位移、基底剪力对比图

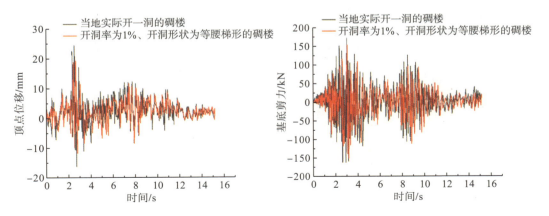

图 4.40　当地实际开一洞的碉楼与开洞率为 1%、开洞形状为等腰梯形
的碉楼顶点位移、基底剪力对比图

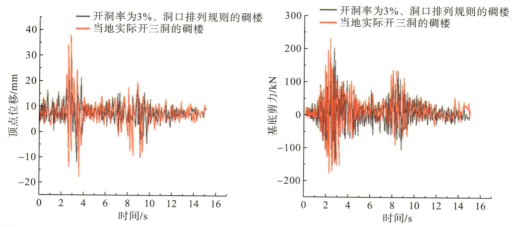

图 4.41　开洞率为 3%、洞口排列规则的碉楼与当地实际开三洞的碉楼顶点位移、基底剪力对比图

由图 4.39～图 4.41 可得，五种开洞碉楼结构在汶川波作用下的最大顶点位移和最大基底剪力如表 4.4 所示。

表 4.4　汶川波作用下开洞碉楼模型的最大顶点位移和最大基底剪力

结构模型	最大顶点位移/mm	最大基底剪力/kN
开洞率为 10%的碉楼结构	28.44	185.27
开洞率为 1%、开洞形状为等腰梯形的碉楼结构	19.40	153.93
开洞率为 3%、洞口排列规则的碉楼结构	30.64	203.48
当地实际开一洞的碉楼结构	24.43	172.75
当地实际开三洞的碉楼结构	38.01	230.67

由表 4.4 可得，开洞率为 10%的碉楼结构的最大顶点位移是 28.44mm，当地实际开一洞的碉楼结构最大顶点位移是 24.43mm，前者比后者大 16.41%；开洞率为 1%、开洞形状为等腰梯形的碉楼结构的最大顶点位移是 19.40mm，比当地实际开一洞的碉楼结构的位移小 20.59%；开洞率为 3%、洞口排列规则的碉楼结构的最大顶点位移是 30.64mm，当地实际开三洞的碉楼结构最大顶点位移是 38.01mm，前者比后者小 19.39%。通过对比可知，开洞率越大的碉楼的最大顶点位移大于开洞率较小的当地碉楼的顶点位移，梯形开洞形状、洞口排列规则的碉楼的最大顶点位移小于当地实际开洞碉楼的顶点位移。

开洞率为 10%碉楼结构的最大基底剪力是 185.27kN，当地实际开一洞的碉楼结构的最大基底剪力是 172.75kN，前者比后者大 7.25%；开洞率为 1%、开洞形状为等腰梯形的开洞碉楼结构的最大基底剪力是 153.93kN，比当地实际开一洞的碉楼结构的最大基底剪力小 10.89%；开洞率为 3%、开洞排列规则的碉楼结构的最大基底剪力是 203.48kN，当地实际开三洞的碉楼结构的最大基底剪力是 230.67kN，前者比后者小 11.79%。可以得出，开洞率越大的碉楼的最大基底剪力大于开洞率较小的当地碉楼的最大基底剪力，梯形开洞形状、洞口排列规则的碉楼的最大基底剪力小于当地实际开洞碉楼的最大基底剪力。

综上所述，在开洞碉楼遭受到一样的地震作用时，减小碉楼的开洞面积能减小结构底部的最大基底剪力和最大顶点位移，同样使用梯形为开洞形状和洞口排列规则的碉楼也会使最大基底剪力和最大顶点位移不同程度地减小。基底剪力的减小会使上述类型的开洞碉楼在地震作用下底部承受更小的剪力作用，从而提高碉楼的抗震性能，使其不易发生破坏甚至倒塌。

2. EL-Centro 波作用下桃坪羌寨开洞碉楼结构的顶点位移、基底剪力分析

对五种开洞碉楼结构输入 EL-Centro 波，分别提取其顶点位移、基底剪力响应并进行对比，如图 4.42～图 4.44 所示。

由图 4.42～图 4.44 可得，五种开洞碉楼结构在 EL-Centro 波作用下的最大顶点位移和最大基底剪力如表 4.5 所示。

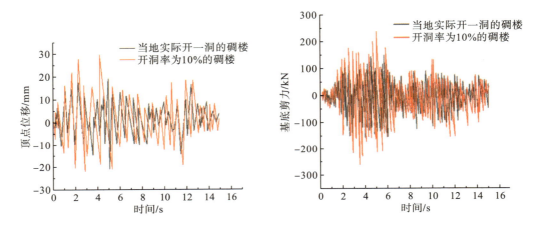

图 4.42　当地实际开一洞的碉楼与开洞率为 10%的碉楼顶点位移、基底剪力对比图

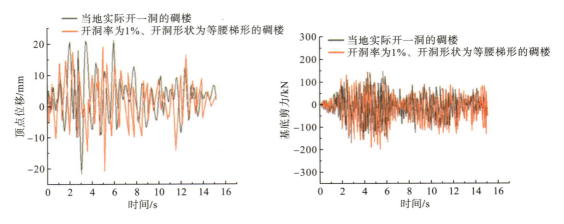

图 4.43　当地实际开一洞的碉楼与开洞率为 1%、开洞形状为等腰梯形
的碉楼顶点位移、基底剪力对比图

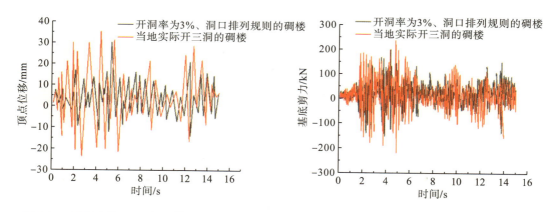

图 4.44　开洞率为 3%、洞口排列规则的碉楼与当地实际开三洞的碉楼顶点位移、基底剪力对比图

表 4.5　EL-Centro 波作用下开洞碉楼结构的最大顶点位移和最大基底剪力

结构模型	最大顶点位移/mm	最大基底剪力/kN
开洞率为 10%的碉楼结构	29.26	235.05
开洞率为 1%、开洞形状为等腰梯形的碉楼结构	18.02	149.56
开洞率为 3%、洞口排列规则的碉楼结构	30.12	200.43
当地实际开一洞的碉楼结构	20.91	155.27
当地实际开三洞的碉楼结构	35.28	236.28

由表 4.5 可得出，开洞率为 10%的碉楼结构的最大顶点位移是 29.26mm，当地实际开一洞的碉楼结构最大顶点位移是 20.91mm，前者比后者大 39.93%；开洞率为 1%、开洞形状为等腰梯形的碉楼结构的最大顶点位移是 18.02mm，比当地实际开一洞的碉楼结构的位移小 13.82%；开洞率为 3%、洞口排列规则的碉楼结构的最大顶点位移是 30.12mm，当地实际开三洞的碉楼结构最大顶点位移是 35.28mm，前者比后者小 14.63%。通过对比可知，开洞率越大的碉楼的最大顶点位移大于开洞率较小的当地碉楼的顶点位移，梯形开洞形状、洞口排列规则的碉楼的最大顶点位移小于当地实际开洞碉楼的顶点位移。

开洞率为 10%的碉楼结构的最大基底剪力是 235.05kN，当地实际开一洞的碉楼结构的最大基底剪力是 155.27kN，前者比后者大 51.38%；开洞率为 1%、开洞形状为等腰梯形的碉楼结构的最大基底剪力是 149.56kN，比当地实际开一洞的碉楼结构的最大基底剪力小 3.68%；开洞率为 3%、洞口排列规则的碉楼结构的最大基底剪力是 200.43kN，当地实际开三洞的碉楼结构最大基底剪力是 236.28kN，前者比后者小 15.17%。可以得出，开洞率越大的碉楼的最大基底剪力大于开洞率较小的当地碉楼的最大基底剪力，梯形开洞形状、洞口排列规则的碉楼的最大基底剪力小于当地实际开洞碉楼的最大基底剪力。

综上所述，在开洞碉楼遭受到一样的地震作用时，减小碉楼的开洞面积能减小结构底部的最大基底剪力和最大顶点位移，同样使用梯形为开洞形状和洞口排列规则的碉楼也会使最大基底剪力和最大顶点位移不同程度地减小。基底剪力的减小会使上述类型的开洞碉楼在地震作用下底部承受更小的剪力作用，使其不容易发生破坏甚至倒塌。

3. Kobe 波作用下桃坪羌寨开洞碉楼结构的顶点位移、基底剪力分析

对五种开洞碉楼结构输入 Kobe 波，分别提取其顶点位移、基底剪力响应并进行对比，如图 4.45～图 4.47 所示。

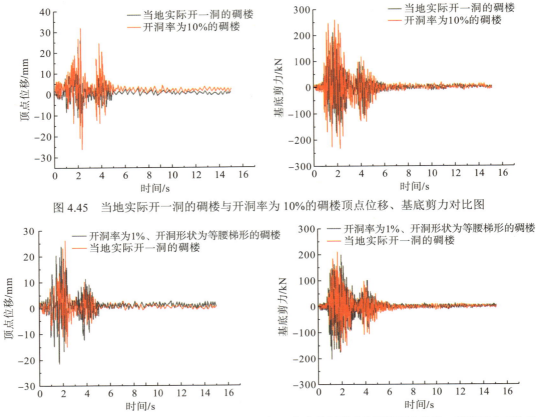

图 4.45　当地实际开一洞的碉楼与开洞率为 10%的碉楼顶点位移、基底剪力对比图

图 4.46　当地实际开一洞的碉楼与开洞率为 1%、开洞形状为等腰梯形的碉楼顶点位移、基底剪力对比图

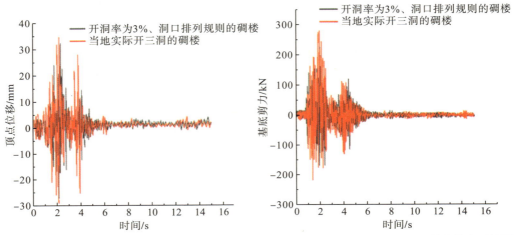

图 4.47　开洞率为 3%、洞口排列规则的碉楼与当地实际开三洞的碉楼顶点位移、基底剪力对比图

　　由图 4.45～图 4.47 可得，五种开洞碉楼结构在 Kobe 波作用下的最大顶点位移和最大基底剪力如表 4.6 所示。

表 4.6　Kobe 波作用下开洞碉楼结构的最大顶点位移和最大基底剪力

结构模型	最大顶点位移/mm	最大基底剪力/kN
开洞率为 10%的碉楼结构	31.93	259.16
开洞率为 1%、开洞形状为等腰梯形的碉楼结构	23.72	199.05
开洞率为 3%、洞口排列规则的碉楼结构	32.36	225.91
当地实际开一洞的碉楼结构	26.1	211.04
当地实际开三洞的碉楼结构	34.79	279.25

　　由表 4.6 可得，开洞率为 10%的碉楼结构的最大顶点位移是 31.93mm，当地实际开一洞的碉楼结构最大顶点位移是 26.1mm，前者比后者大 22.34%；开洞率为 1%、开洞形状为等腰梯形的碉楼结构的最大顶点位移是 23.72mm，比当地实际开一洞的碉楼结构的位移小 9.12%；开洞率为 3%、洞口排列规则的碉楼结构的最大顶点位移是 32.36mm，当地实际开三洞的碉楼结构最大顶点位移是 34.79mm，前者比后者小 6.98%。通过对比可知，开洞率越大的碉楼的最大顶点位移大于开洞率较小的当地碉楼的顶点位移，梯形开洞形状、洞口排列规则的碉楼的最大顶点位移小于当地实际开洞碉楼的顶点位移。

　　开洞率为 10%的碉楼结构的最大基底剪力是 259.16kN，当地实际开一洞的碉楼结构的最大基底剪力是 211.04kN，前者比后者大 22.80%；开洞率为 1%、开洞形状为等腰梯形的碉楼结构的最大基底剪力是 199.05kN，比当地实际开一洞的碉楼结构的最大基底剪力小 5.68%；开洞率为 3%、洞口排列规则的碉楼结构的最大基底剪力是 225.91kN，当地实际三洞的碉楼结构最大基底剪力是 279.25kN，前者比后者小 19.10%。可以得出，开洞率越大的碉楼的最大基底剪力大于开洞率较小的当地碉楼的最大基底剪力，梯形开洞形状、洞口排列规则的碉楼的最大基底剪力小于当地实际开洞碉楼的最大基底剪力。

　　综上所述，当结构经历 Kobe 波时，同其他两种地震波一样，减小碉楼的开洞面积能减小结构底部的最大基底剪力和最大顶点位移，同样使用梯形为开洞形状和洞口排列规则的碉楼也会使最大基底剪力和最大顶点位移不同程度地减小。基底剪力的减小会使上述类型的开洞碉楼在地震作用下底部承受更小的剪力作用，使其不容易发生破损、破坏。

4.5　罕遇地震作用下桃坪羌寨开洞碉楼抗震性能分析

　　4.4 节以桃坪羌寨整座碉楼为研究对象，从开洞率影响因素中选择典型值 10%，在开洞形式、洞口排列规则与否两个影响因素中选择典型参数，即等腰梯形的开洞形式和洞口排列规则，建立五种碉楼结构有限元模型，并分别对其进行动力特性分析和多遇地震作用下时程响应分析。

本节对开洞碉楼进行罕遇地震作用下时程响应分析，选取地震波来比较这五种模型的抗震性能，得出三个开洞因素对整座碉楼抗震性能的影响，最后提出洞口优化建议。

4.5.1　动力特性分析

动力特性分析见 4.4.1。

4.5.2　罕遇地震作用下桃坪羌寨开洞碉楼时程响应分析

4.5.2.1　地震波的选取及模型

研究罕遇地震作用下开洞碉楼时程分析所选用地震波也采用汶川波、EL-Centro 波、kobe 波来进行研究，多遇地震作用下汶川波的 $\alpha=310/52.6=5.89$，EL-Centro 波的 $\alpha=310/58.4=5.31$，Kobe 波的 $\alpha=310/35.1=8.83$，所以在进行罕遇地震的时程响应分析时，应该在各个原地震波的记录峰值上乘以对应的 α 值后再进行。所有结构模型和 4.4 节一致，将地震调幅后方可进行计算。

4.5.2.1　时程响应分析

1. 汶川波作用下桃坪羌寨开洞碉楼结构的顶点位移、基底剪力分析

对五种开洞碉楼结构输入汶川波，分别提取其顶点位移、基底剪力响应并进行对比，如图 4.48～图 4.50 所示。

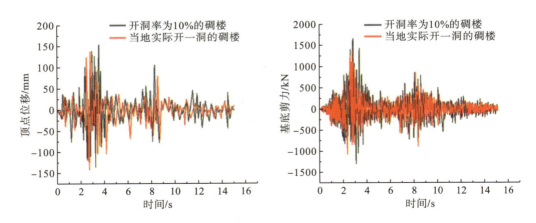

图 4.48　当地实际开一洞的碉楼与开洞率为 10% 的碉楼顶点位移、基底剪力对比图

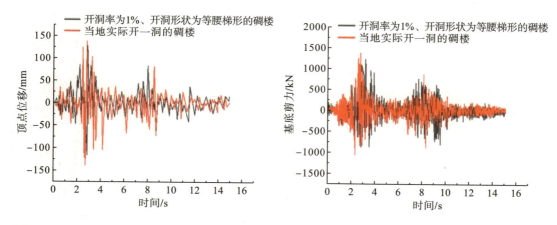

图 4.49　当地实际开一洞的碉楼与开洞率为 1%、开洞形状为等腰梯形的碉楼顶点位移、基底剪力对比图

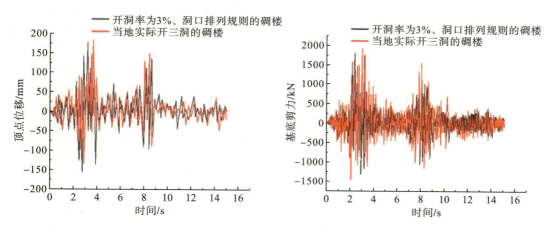

图 4.50　开洞率为 3%、洞口排列规则的碉楼与当地实际开三洞的碉楼顶点位移、基底剪力对比图

由图 4.48～图 4.50 可得，五种开洞碉楼结构在汶川波作用下的最大顶点位移和最大基底剪力如表 4.7 所示。

表 4.7　汶川波作用下开洞碉楼结构的最大顶点位移和最大基底剪力

结构模型	最大顶点位移/mm	最大基底剪力/kN
开洞率为 10%的碉楼结构	154.43	1664.32
开洞率为 1%、开洞形状为等腰梯形的碉楼结构	126.96	1230.67
开洞率为 3%、洞口排列规则的碉楼结构	176.44	1790.92
当地实际开一洞的碉楼结构	137.72	1374.63
当地实际开三洞的碉楼结构	184.12	1915.19

由表 4.7 可得，开洞率为 10%的碉楼结构的最大顶点位移是 154.43mm，当地实际开一洞的碉楼结构最大顶点位移是 137.72mm，前者比后者大 12.13%；开洞率为 1%、开

洞形状为等腰梯形的碉楼结构的最大顶点位移是 126.96mm，比当地实际开一洞的碉楼结构的位移小 7.81%；开洞率为 3%、洞口排列规则的碉楼结构的最大顶点位移是 176.44mm，当地实际开三洞的碉楼结构的最大顶点位移是 184.12mm，前者比后者小 4.17%。通过对比可知，开洞率越大的碉楼的最大顶点位移大于开洞率较小的当地碉楼的顶点位移，梯形开洞形状、洞口排列规则的碉楼的最大顶点位移小于当地实际开洞碉楼的顶点位移。

开洞率为 10% 的碉楼结构的最大基底剪力是 1664.32kN，当地实际开一洞的碉楼结构的最大基底剪力是 1374.63kN，前者比后者大 21.07%；开洞率为 1%、开洞形状为等腰梯形的碉楼结构的最大基底剪力是 1230.67kN，比当地实际开一洞的碉楼结构的最大基底剪力小 10.47%；开洞率为 3%、洞口排列规则的碉楼结构的最大基底剪力是 1790.92kN，当地实际开三洞的碉楼结构的最大基底剪力是 1915.19kN，前者比后者小 6.49%。可以得出，开洞率越大的碉楼的最大基底剪力大于开洞率较小的当地碉楼的最大基底剪力，梯形开洞形状、洞口排列规则的碉楼的最大基底剪力小于当地实际开洞碉楼的最大基底剪力。

综上所述，在开洞碉楼遭受到一样的地震作用时，减小碉楼的开洞面积能减小结构底部的最大基底剪力和最大顶点位移，同样使用梯形为开洞形状和洞口排列规则的碉楼也会使最大基底剪力和最大顶点位移不同程度地减小。基底剪力的减小会使上述类型的开洞碉楼在地震作用下底部承受更小的剪力作用，从而提高碉楼的抗震性能，使其不易发生破坏甚至倒塌。

2. EL-Centro 波作用下桃坪羌寨开洞碉楼结构的顶点位移、基底剪力分析

对五种开洞碉楼结构输入 EL-Centro 波，分别提取其顶点位移、基底剪力响应并进行对比，如图 4.51～图 4.53 所示。

由图 4.51～图 4.53 可得，五种开洞碉楼结构在 EL-Centro 波作用下的最大顶点位移和最大基底剪力如表 4.8 所示。

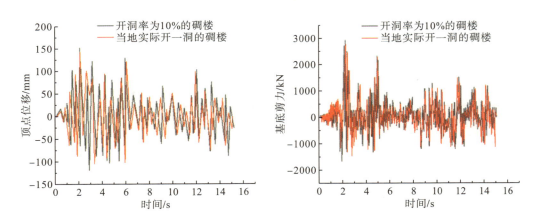

图 4.51　当地实际开一洞的碉楼与开洞率为 10% 的碉楼顶点位移、基底剪力对比图

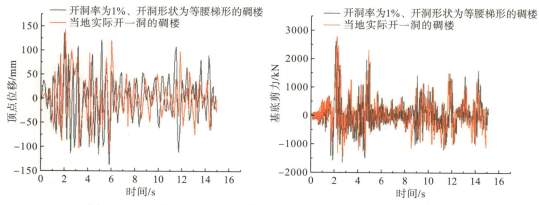

图 4.52 当地实际开一洞的碉楼与开洞率为 1%、开洞形状为等腰梯形
的碉楼顶点位移、基底剪力对比图

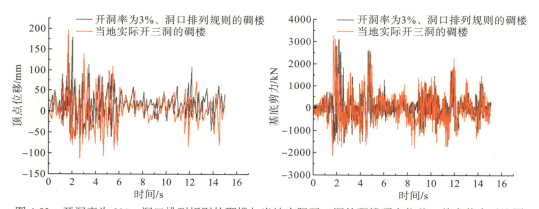

图 4.53 开洞率为 3%、洞口排列规则的碉楼与当地实际开三洞的碉楼顶点位移、基底剪力对比图

表 4.8 EL-Centro 波作用下开洞碉楼结构的最大顶点位移和最大基底剪力

结构模型	最大顶点位移/mm	最大基底剪力/kN
开洞率为 10%的碉楼结构	152.72	2930.72
开洞率为 1%、开洞形状为等腰梯形的碉楼结构	129.77	2617.06
开洞率为 3%、洞口排列规则的碉楼结构	179.6	3115.27
当地实际开一洞的碉楼结构	143.21	2783.39
当地实际开三洞的碉楼结构	196.41	3283.21

由表 4.8 可得，开洞率为 10%的碉楼结构的最大顶点位移是 152.72mm，当地实际开一洞的碉楼结构的最大顶点位移是 143.21mm，前者比后者大 6.64%；开洞率为 1%、开洞形状为等腰梯形的碉楼结构的最大顶点位移是 129.77mm，比当地实际开一洞的碉楼结构的位移小 9.38%；开洞率为 3%、洞口排列规则的碉楼结构的最大顶点位移是 179.6mm，当地实际开三洞的碉楼结构的最大顶点位移是 196.41mm，前者比后者小 8.56%。通过对比可知，开洞率越大的碉楼的最大顶点位移大于开洞率较小的当地碉楼的顶点位移，梯形

开洞形状、洞口排列规则的碉楼的最大顶点位移小于当地实际开洞碉楼的顶点位移。

开洞率为10%的碉楼结构的最大基底剪力是2930.72kN，当地实际开一洞的碉楼结构的最大基底剪力是2783.39kN，前者比后者大5.29%；开洞率为1%、开洞形状为等腰梯形的碉楼结构的最大基底剪力是2617.06kN，比当地实际开一洞的碉楼结构的最大基底剪力小5.98%；开洞率为3%、洞口排列规则的碉楼结构的最大基底剪力是3115.27kN，当地实际开三洞的碉楼结构的最大基底剪力是3283.21kN，前者比后者小5.12%。可以得出，开洞率越大的碉楼的最大基底剪力大于开洞率较小的当地碉楼的最大基底剪力，梯形开洞形状、洞口排列规则的碉楼的最大基底剪力小于当地实际开洞碉楼的最大基底剪力。

综上所述，在开洞碉楼遭受到一样的地震作用时，减小碉楼的开洞面积能减小结构底部的最大基底剪力和最大顶点位移，同样使用梯形为开洞形状和洞口排列规则的碉楼也会使最大基底剪力和最大顶点位移不同程度地减小。基底剪力的减小会使上述类型的开洞碉楼在地震作用下底部承受更小的剪力作用，使其不容易发生破坏甚至倒塌。

3. Kobe波作用下桃坪羌寨开洞碉楼结构的顶点位移、基底剪力分析

对五种开洞碉楼结构输入Kobe波，分别提取其顶点位移、基底剪力响应进行并对比，如图4.54～图4.56所示。

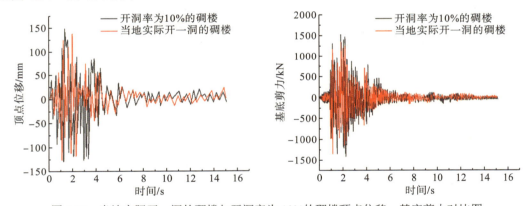

图4.54　当地实际开一洞的碉楼与开洞率为10%的碉楼顶点位移、基底剪力对比图

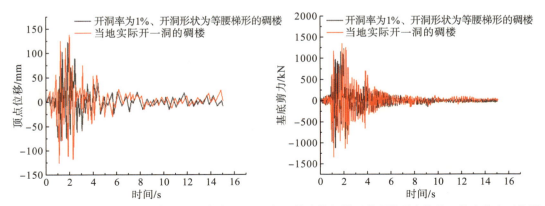

图4.55　当地实际开一洞的碉楼与开洞率为1%、开洞形状为等腰梯形的碉楼顶点位移、基底剪力对比图

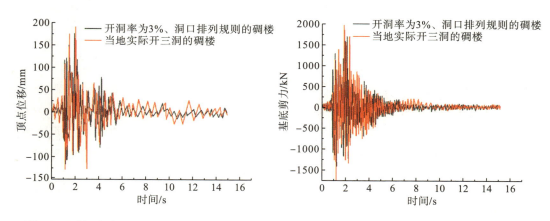

图 4.56　开洞率为 3%、洞口排列规则的碉楼与当地实际开三洞的碉楼顶点位移、基底剪力对比图

由图 4.54～图 4.56 可得，五种开洞碉楼结构在 Kobe 波作用下的最大顶点位移和最大基底剪力如表 4.9 所示。

表 4.9　Kobe 波作用下开洞碉楼结构的最大顶点位移和最大基底剪力

结构模型	最大顶点位移/mm	最大基底剪力/kN
开洞率为 10%的碉楼结构	148.75	1535.8
开洞率为 1%、开洞形状为等腰梯形的碉楼结构	123.07	1231.63
开洞率为 3%、洞口排列规则的碉楼结构	176.41	1706.6
当地实际开一洞的碉楼结构	138.94	1360.02
当地实际开三洞的碉楼结构	191.55	1974.65

由表 4.9 可得，开洞率为 10%的碉楼结构的最大顶点位移是 148.75mm，当地实际开一洞的碉楼结构的最大顶点位移是 138.94mm，前者比后者大 7.06%；开洞率为 1%、开洞形状为等腰梯形的碉楼结构的最大顶点位移是 123.07mm，比当地实际开一洞的碉楼结构的位移小 11.42%；开洞率为 3%、洞口排列规则的碉楼结构的最大顶点位移是 176.41mm，当地实际开三洞的碉楼结构的最大顶点位移是 191.55mm，前者比后者小 7.90%。通过对比可知，开洞率越大的碉楼的最大顶点位移大于开洞率较小的当地碉楼的顶点位移，梯形开洞形状、洞口排列规则的碉楼的最大顶点位移小于当地实际开洞碉楼的顶点位移。

开洞率为 10%的碉楼结构的最大基底剪力是 1535.8kN，当地实际开一洞的碉楼结构的最大基底剪力是 1360.02kN，前者比后者大 12.92%；开洞率为 1%、开洞形状为等腰梯形的碉楼结构的最大基底剪力是 1231.63kN，比当地实际开一洞的碉楼结构的最大基底剪力小 9.44%；开洞率为 3%、洞口排列规则的碉楼结构的最大基底剪力是 1706.6kN，当地实际开三洞的碉楼结构的最大基底剪力是 1974.65kN，前者比后者小 13.57%。可以得出，开洞率越大的碉楼的最大基底剪力大于开洞率较小的当地碉楼的最大基底剪力，梯形开洞形状、洞口排列规则的碉楼的最大基底剪力小于当地实际开洞碉楼的最大基底剪力。

4.5.2.2　结论

综上所述，当结构经历 Kobe 波时，同其他两种地震波一样，减小碉楼的开洞面积能减小结构底部的最大基底剪力和最大顶点位移，同样使用梯形为开洞形状和洞口排列规则的碉楼也会使最大基底剪力和最大顶点位移不同程度地减小。基底剪力的减小会使上述类型的开洞碉楼在地震作用下底部承受更小的剪力作用，使其不容易发生破损、破坏。

4.6　桃坪羌寨碉楼窗洞优化的建议

通过对窗洞口对桃坪羌寨碉楼墙体力学性能影响分析和开窗洞碉楼的抗震性能研究，针对开洞碉楼的窗洞口的优化和如何提高开窗洞碉楼的抗震性能，本章提出以下几点建议。

(1) 因为开洞碉楼在地震作用下，洞口四周会产生明显的应力集中，从而导致墙体的受力性能大幅降低，洞口四周成为构件抵抗外力的最脆弱部位，加之开窗洞口的墙体会使其平面内的刚度和抗剪承载力减小，如果墙体开洞面积过大，承载力和刚度都依次减小，碉楼的抗侧向刚度会不断减小，墙体破坏得会更明显，且开洞率高于 10% 后，抗侧向刚度降低的速率会变大。通过本章对开洞碉楼墙体的低周往复荷载分析和对 10% 开洞率碉楼墙体的动力特性分析，所以给出建议，考虑到当地碉楼的开洞特色，在满足通风采光、防寒风和遮阳的基本条件下，尽量减少开洞率，且不要将碉楼墙体开洞率设置为超过 10%。

(2) 通过本章对不同开洞形式碉楼墙体的低周往复荷载有限元分析和对等腰梯形形状开洞碉楼墙体的动力特性分析，得出墙体开洞形状不同，其承载力和刚度也不同，其中等腰梯形最大，矩形最小，且开洞形状为等腰梯形、圆形、正方形、矩形的碉楼墙体的抗侧向刚度依次减小。不但碉楼墙体可以设置为等腰梯形呈四方锥形立体，即收分，开洞形状也可设为等腰梯形，呈堡垒形基部较宽，逐渐向上收缩，具有良好的结构稳定性，会降低地震波对碉楼结构的破坏程度，所以建议墙体洞口可以设置为等腰梯形，但如果考虑其外观形象和审美价值，设置为圆形和正方形较为妥当，不建议使用扁平状的矩形窗洞口。

(3) 通过本章对不同洞口排列方式碉楼墙体的低周往复有限元分析和动力响应分析，可得到碉楼墙体洞口排列规则的承载力和刚度会比排列不规则的高 9.5% 左右，且墙体的洞口排列规则可以提高碉楼的抗侧向刚度，当洞口排列不规则时，其不同的不规则排列方式对墙体刚度影响较小，所以碉楼洞口不规则的排列方式不甚合理，建议洞口保持在一条竖直线上，上下洞口间距保持一致。

(4)依据《镇(乡)村建筑抗震技术规程》(JGJ 161—2008)规定：①横纵墙上的洞口宽度不宜大于 1.5m；②外纵墙上的洞口宽度不宜大于 1.8m 或开间尺寸的一半；③门窗洞口过梁的支撑长度在 6.8°时不应小于 240mm，在 9°时不应小于 360mm。建议实在无法改变门窗洞口的开洞情况时，应在门窗洞口两侧增加构造柱或顶部加过梁。

4.7　结　　论

(1)开洞率超过 10%的墙体，其抗侧向刚度降低的速率会变大，所以在满足基本条件的情况下，墙体应减小开洞率；墙体开洞形状的不同，其承载力和等效刚度也不同，洞口可以设置为等腰梯形，不建议使用扁平的矩形窗洞；墙体洞口排列规则的承载力和刚度会比排列不规则的高 9.5%左右。

(2)在整座开洞碉楼进行模态分析时，得出碉楼开洞率越大，其结构刚度会越小；等腰梯形开洞碉楼的周期比当地实际开一洞碉楼小，说明开洞形状为等腰梯形的碉楼结构比方形更能提高其刚度；洞口排列规则碉楼结构的周期比当地实际开三洞碉楼小，说明洞口排列规则的碉楼结构确实能提高结构的刚度。

(3)对开洞碉楼结构进行时程响应分析可以得到：实际碉楼拥有更小的开洞率，所以会产生较小的顶点位移，承受的基底剪力也更小；开洞形式为等腰梯形，其呈堡垒形基部较宽，逐渐向上收缩，结构的稳定性较好，所以会产生较小的顶点位移，且承受的地震力也更小；洞口排列规则的开洞碉楼受力更加均匀，所以产生较小的顶点位移，受到更小的地震荷载。

(4)针对开洞碉楼的窗洞口的优化和如何提高开窗洞碉楼的抗震性能，本章提出优化建议：不要将碉楼墙体开洞率设置为超过 10%；将洞口设置为圆形和方形较为妥当，不建议使用扁平状的矩形窗洞口；建议洞口保持在一条竖直线上，上下洞口间距保持一致。

第5章 钢筋网格加固桃坪羌寨碉房结构
抗震性能研究

本章研究内容：①对有限元理论进行总结和模型验证。首先对有限元分析方法进行概述总结，其次对建模方法进行选择，本章利用 ABAQUS 软件，结合 Python 二次开发对模型单元进行随机分布的模拟；再结合前期试验和已有文献，确定相关材料的应力应变关系等力学参数，并对模型进行验证，确定模型的适用性。②对碉房墙体进行拟静力分析。首先对拟静力分析过程和理论进行总结，后续对钢筋网格的加固方案进行选择，利用控制变量的方法，研究钢筋的分布方式对墙体承载力、滞回性能、刚度退化性能等指标的影响规律，结合实际情况确定分布方式；根据上述分布方式，对不同钢筋间距进行分析，确定合理的间距的范围；最后研究钢筋直径对加固的影响，考虑经济性，提出建议的直径范围。③对碉房进行动力特性分析。首先对当地碉房和加固碉房，选取合理参数进行分离式建模；然后对加固前后的碉房结构进行模态分析，分析对比结构的自振周期和频率，研究结构的振动规律。④对碉房结构进行时程响应分析。在多遇地震作用下，对比碉房加固前后的基底剪力、底部最大弯矩、顶点位移和层间位移等，研究碉房结构加固前后的内力和位移变化情况；在罕遇地震作用下，主要分析碉房结构加固前后的位移响应情况，包括顶点位移、层间位移、层间位移角等。⑤基于前面数值模拟结果，结合工程实际，对提高桃坪羌寨碉房抗震性能提出一些建议和措施。

5.1 桃坪羌寨碉房地震破坏特征及加固方法介绍

5.1.1 碉房地震破坏特征

桃坪羌寨的建筑依据功能作用可分为碉楼和碉房。羌寨碉房主体构造主要为生土和石材黏合在一起的墙体，加上当地木材制作的梁板构成。房屋的承重体系主要有两种：一种是以墙体为承重结构的体系(图 5.1)，这种设计一般在低层小体量房屋使用；另一种是墙、柱一同作为承重结构的体系(图 5.2)，这种体系一般存在于平面面积较大且体量较大的房屋。

(a) 房屋平面图　　　　　　　　(b) 房屋剖面图

图 5.1　墙体承重体系平面图和剖面图

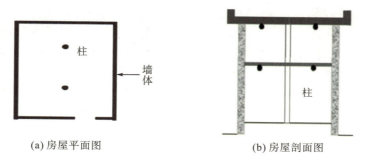

(a) 房屋平面图　　　　　　　　(b) 房屋剖面图

图 5.2　墙柱共同承重体系平面图和剖面图

川西地区地震频发，使得桃坪羌寨的碉房有着不同程度的损害，碉房在地震中的主要破坏特征如下所述。

(1)碉房结构破坏多发生在墙体薄弱部分(图 5.3)，如墙体的边缘、门窗洞口等。这是因为地震导致荷载作用时，这些部分刚度突变或周边约束条件变少，容易提前发生破坏。

(a) 窗洞口处　　　　　　　　　　　(b) 墙角

图 5.3　碉房墙体破坏位置

(2)低层碉房破坏情况轻于多层碉房(图5.4)。这是由于多层碉房随着层高的增加，横向摆动力逐渐增大，墙体摆动幅度加大，墙体更容易损坏，从而导致地震破坏更加严重。

　　　　　(a) 低层碉房　　　　　　　　　　　　(b) 多层碉房

图5.4　低层碉房和多层碉房破坏情况

(3)使用纯净生土作为黏结材料的碉房破坏情况轻于使用含有泥沙杂质的生土作为黏结材料的碉房(图5.5)。这是因为纯生土加水后黏性更好，当受到外部荷载冲击时，碉房墙体由于整体性更好，破坏程度较轻。

　　　　　(a)纯净生土　　　　　　　　　　　　(b) 含有杂质的生土

图5.5　纯净生土和含有杂质生土作为黏结材料

(4)使用片石和块石砌筑的碉房破坏程度轻于使用卵石砌筑的碉房(图5.6)。这是因为卵石较为圆滑，当受到地震荷载作用时，卵石更容易发生滚动和坍塌，从而导致墙体更容易遭到破坏。

(a) 片石、块石砌筑 (b) 卵石砌筑

图 5.6 不同石块砌筑碉房

综上所述,由于当地砌筑材料比较原始,相比较于现代建材,其性能一般,加上房屋也没有设置构造柱,缺少构造措施,使得房屋的整体性较差,导致当地碉房在遭遇地震时,墙体无法承受地震荷载作用,产生裂缝和缺口,最终使房屋发生了不同程度的破坏。因此,对当地碉房进行一些加固措施,提高其抗震性能变得很有必要。

5.1.2 加固方法的选择

常用的加固方案有:水泥砂浆面层加固法、更换砂浆嵌缝加固法、钢筋网格加固法、外加约束加固法、压力灌浆加固法、组合件加固法、后加抗震墙加固法等。对于桃坪羌寨碉房结构的加固,不仅需要抵御地震荷载破坏,保证建筑的整体性,还需要保证碉房的外观不能改变太大,保留传统文化特色。鉴于这种情况,本章采用钢筋网格加固的方法,因为钢筋网格加固既可以单面加固,也可以双面加固。本章选择单面加固,将钢筋网格置于内墙上,这样既不影响建筑的外观,又可以增加碉房结构墙体的抗震性能。

5.2 有限元理论及模型验证

本节结合阿坝州生土石砌体墙的抗剪性能试验和低周往复加载试验研究方法,利用有限元软件 ABAQUS 建立了与试验参数一致的生土石砌体墙的有限元模型,并与既有试验结果进行对比,验证了利用有限元软件 ABAQUS 研究生土石砌体结构力学性能的可行性。此外,在不考虑石头与泥土之间的黏结和滑移的情况下,利用 Python 对 ABAQUS 数值模拟出的模型进行二次开发,并对生土石砌体墙完成分离式建模和模型计算,验证了本章有限元模型的正确性,为后续研究钢筋网格不同加固方案对碉房受力性能的分析打下基础。

5.2.1　既有文献的试验介绍

5.2.1.1　水平加载试验

水平加载试验见 3.2.6 节。

5.2.1.2　低周往复加载试验

李想等(2015)以藏羌地区石砌墙体为研究对象，进行了墙体的低周往复加载试验。试验以藏族碉房为原型，墙体材料为石材和生土，均取自当地，墙体砌筑也是由当地瓦工进行，保证了墙体砌筑工艺的一致性。试验墙体如图 5.7 所示，墙体的尺寸为 1850mm×1250mm×270mm。试验加载装置位置布置如图 5.8 所示，墙体试件上方和下方分别设置顶梁和地梁，采用 5MPa 普通水泥砂浆砌筑而成。在墙体上部施加竖向恒载 55kN，通过荷载控制施加水平往复荷载，并保证加载的连续性和均匀性，直到墙体试件发生破坏为止。本章后续会对两个试验进行模拟，再对模拟结果进行对比，由于两个试验背景都与桃坪羌寨接近，因此后面的建模过程类似，只是加载不同，第一个施加水平荷载，第二个施加低周往复荷载。

图 5.7　试验墙体

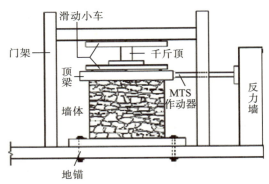

图 5.8　试验加载装置位置布置示意图

5.2.2　模型的建立

模型的建立同 3.2 节。

5.2.3　水平加载试验结果对比

1. 破坏模式对比

墙体应力云图和水平位移云图如图 5.9 和图 5.10 所示，随着位移荷载的逐渐增大，墙体上下角部应力值较大，最先发生屈服破坏，随后墙体中部应力逐渐增大，对应实际情况下的墙体中，细微裂缝逐渐发展，最后产生 45°斜裂缝破坏。墙体位移变形由上至下逐渐减小，符合砌体墙受剪的变形模式。

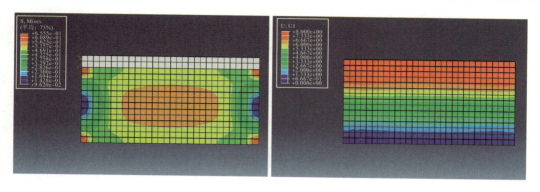

图 5.9　墙体应力云图　　　　　　　　　　图 5.10　墙体水平位移云图

　　试验墙体破坏如图 5.11 所示，当水平荷载小于初裂荷载时，墙体表面没有明显变化。随着加载到达初裂荷载时，逐渐开始听到墙体石块和生土摩擦发出的响声，生土开始承受不住内力，墙体表面开始出现很多细小的缝隙，继续加载之后，这些细小裂缝逐渐连通，形成一条贯穿的缝隙，从正面观察可以发现裂缝位置处于斜向的 45°。对比有限元剪应力云图（图 5.12），墙体最初加载时，墙体内部应力逐渐增大，其中，墙体边角处和中间应力较大，随着荷载的增大，边角处和中间逐渐发生屈服，破坏位置与试验类似，破坏发展情况也符合生土石砌体的破坏模式。

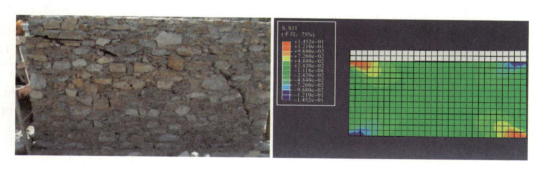

图 5.11　试验墙体破坏（许浒等，2019）　　　　图 5.12　有限元剪应力云图

2. 抗剪承载力对比

　　根据试验结果，墙体在无轴压工况下，墙体水平抗剪承载力为 20.7kN，许浒等（2019）后续进行了有限元模拟，得到的抗剪承载力为 24.3kN。本章研究得出的承载力值为 22.1kN。各试件或模型抗剪承载力结果对比如图 5.13 所示，由图可以发现：许浒等（2019）的有限元模拟结果和本章有限元模拟结果，与试验结果都比较接近，其中，本章的有限元模拟结果与试验值相差 6.76%，与许浒等（2019）的有限元结果相差 9.05%，许浒等（2019）的有限元模拟结果与试验结果相差 17.39%。分析有限元模拟结果比实际试验结果高的原因，可能是有限元模拟是比较理想的工况和条件，而实际试件或多或少存在一些缺陷，这些误差出现是不可避免的。

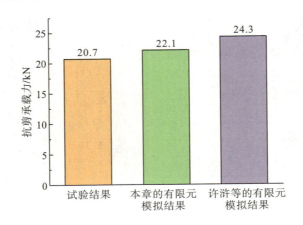

图 5.13　抗剪承载力结果对比

3. 荷载-位移曲线对比

由于没有试验荷载-位移图，本章将有限元模拟的荷载-位移曲线与许浒等(2019)的有限元模拟结果进行对比(图 5.14)。对比加载过程中荷载与位移变化关系发现，本章模型与许浒模型加载过程中荷载变化的趋势相近。在加载初期，荷载与位移接近线性关系，对应的是墙体线弹性阶段；随着位移的继续增大，墙体水平荷载增大的幅度逐渐放缓，对应墙体进入弹塑性阶段，墙体开始逐渐产生微小裂缝；随着继续加载，位移增大，荷载逐渐不再增大，墙体开始进入塑性阶段，对应墙体裂缝不断发展。根据毛石砌体的破坏模式可知，墙体水平加载过程中，当墙体形成贯穿通缝后，墙体开始进入"摩擦耗能"阶段，由于本章模型不考虑石材和生土的摩擦滑移，所以荷载-位移曲线后半段不再详述。总结可知，本章模拟墙体加载过程中，荷载随位移的变化趋势与许浒的模拟类似，但本章曲线相比较更加平滑一些，可能是两种模型的整个建模过程有所差别造成的，再对比最后结果，也侧面印证了本章建模方法的可行性与适用性。后续我们会对钢筋网格加固墙体进行受力分析，研究不同加固方案对墙体受力性能的影响。

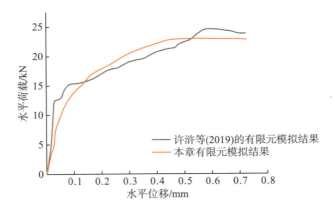

图 5.14　荷载-位移曲线对比

5.2.4　低周往复加载试验结果对比

1. 破坏模式对比

试验墙体的破坏如图 5.15 所示，在逐渐施加荷载的过程中，墙体慢慢出现细小裂缝，随着荷载逐渐增大，墙体顶部的压梁间逐渐出现裂缝，最终形成贯通的裂缝，并且在水平循环荷载下，墙体逐渐形成类似交叉的裂缝形式。有限元剪应力云图如图 5.16 所示，本章模拟的破坏模式与试验比较接近，在加载初期，墙体顶部和底部应力比较大，随着加载逐渐增大，墙体上下端角部和墙体中间应力变大，加载到后期，墙体角端连接形成交叉的部分最先发生屈服，对应着墙体试验中形成的交叉裂缝。

图 5.15　试验墙体破坏(李想等，2015)　　　图 5.16　有限元剪应力云图

2. 承载力对比

试验墙体与本章模拟的结果对比如表 5.1 所示，根据试验结果，墙体在水平往复荷载作用下，墙体的极限荷载为 24.7kN，本章有限元模拟的极限荷载为 25.9kN，对比结果可知，墙体的极限承载力相差了 4.86%，并且有限元模拟结果略大于试验结果，这是因为试验墙体在砌筑时难免存在一些瑕疵，不可能达到完美的标准，而有限元模拟却可以避免这些。再观察位移情况，试验墙体的极限位移为 4.42mm，本章有限元模拟结果为 3.98mm，相差 9.95%，试验值更大一些，这是由于在加载初期，墙体内部的石材和生土还没有完全紧密地黏结在一起，导致试验最后的极限位移要稍大于模拟结果。但是两者相差不大，一定程度上表明有限元模拟的合理性。

表 5.1　极限荷载和极限位移对比

	试验结果	模拟结果
极限荷载/kN	24.7	25.9
极限位移/mm	4.42	3.98

3. 荷载-位移曲线对比

试验结果和本章有限元模拟结果的滞回曲线如图 5.17 所示，可以发现试验结果的滞回曲线基本上呈梭形，表面墙体有一定的耗能能力。本章有限元模拟结果的滞回曲线为图中红色部分所示，对比试验曲线可以看出，数值模拟的曲线与试验曲线总体形状类似，也是呈梭形，表明墙体有一定的耗能能力，不过有限元模拟的曲线要更加平滑和规整一些，这是由于有限元软件在对墙体分析时是处于完美的状态，而实际试验过程中，不论是墙体砌筑过程还是加载过程，都有人为操作上的一些缺陷，加上一些不可避免的瑕疵等，所以试验中墙体的荷载位移会存在波动，导致曲线呈现不规则或者不平滑的状态。总体而言，两者的趋势接近，而且峰值也比较接近，表明有限元模拟结果的合理性。

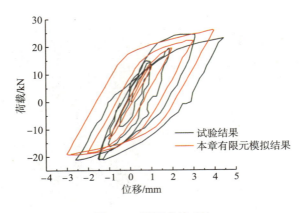

图 5.17 滞回曲线对比

5.3 不同加固方案对墙体在拟静力作用下的力学性能分析

本章将基于分离式墙体模型，对不同加固方案的墙体进行拟静力分析，研究不同加固方案的影响因素对墙体力学性能的影响。拟静力分析是指利用静力学的方法近似处理和解决动力学相关问题，即通常所说的低周往复加载分析，通过对构件反复循环推拉，获得构件的荷载、位移等数据。

5.3.1 钢筋网格不同加固方案的影响因素

钢筋分布方式是指不同钢筋之间的排列方式和顺序，对于钢筋分布方式，本章选择三种典型分布方式，分别为十字分布、交叉分布、水平分布。十字分布即将钢筋水平和竖直布置，夹角为 90°；交叉分布即钢筋交叉布置，形成交叉网格；水平分布即将钢筋水平布置，形成条状网格。不同分布方式的示意图如图 5.18 所示。

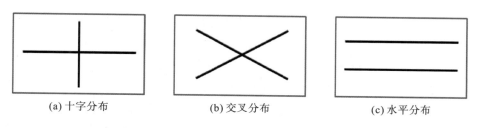

(a) 十字分布　　　　　　　(b) 交叉分布　　　　　　　(c) 水平分布

图 5.18　钢筋不同分布方式示意图

钢筋间距指的是相邻两根钢筋的距离。本节首先分析钢筋分布方式对墙体的受力性能的影响，根据结果再结合实际情况选择比较合适的分布方式，接下来研究在这种分布方式下，钢筋间距对墙体受力性能的影响。为方便研究，本章选择 6 种方案，间距控制在 200～700mm。钢筋不同间距示意图（以十字分布为例）如图 5.19 所示，具体工况布置见 5.3.3.1 节。

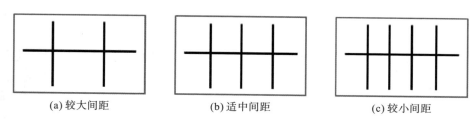

(a) 较大间距　　　　　　　(b) 适中间距　　　　　　　(c) 较小间距

图 5.19　钢筋不同间距示意图（以十字分布为例）

对于钢筋直径，同样采用控制变量的方法，根据前面结果优选出了合适的钢筋分布方式，以及合理的间距范围，控制分布方式和钢筋间距不变，只改变钢筋直径。本章模型钢筋选择 HPB300 钢筋，为方便研究，选择 4 种直径方案，分别为 6mm、8mm、10mm、12mm。在软件中通过改变钢筋部件截面面积来实现，如直径 $D=6mm$ 的截面面积设置为 $28.26mm^2$，直径 $D=8mm$ 的截面面积设置为 $50.24mm^2$，以此类推。

5.3.2　模型的建立

5.3.2.1　模型尺寸和单元选择

墙体模型（图 5.20）尺寸基于 5.2 节已有生土石砌体墙试验，墙体长×高×厚为 3000mm×1300mm×300mm，顶部设置 200mm 高加载梁。墙体模型中不同材料选择不同单元，其中生土、石块和加载梁部分选择 8 节点减缩积分形式的 Solid 单元 C3D8R 模拟，这种单元与普通 C3D8 相比，在网格变形很大时，对计算精度影响很小，能够提高模型的计算效率。钢筋网格选择 2 节点三维桁架单元 T3D2 模拟，这种单元可以较好地模拟钢筋的受拉受压特性。

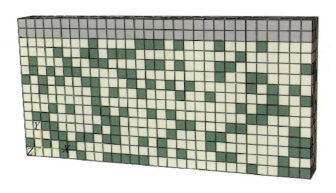

图 5.20　墙体模型

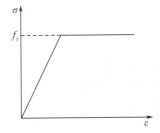

图 5.21　钢筋应力-应变关系曲线

5.3.2.2　材料本构关系

钢筋网格加固墙体模型由生土、石材、钢筋和加载梁组成。其中，墙体部分材料本构关系参照 5.3.1 节介绍，这里不再赘述，本节钢筋选择建筑常用类型 HPB300 型号，对于钢筋的本构选择理想的弹塑性本构模型，应力-应变关系如图 5.21 所示，f_y 为材料屈服强度。根据《混凝土结构设计规范》（GB 50010－2010）中建议，材料的弹性模量为 $2.10×10^5$MPa，屈服强度为 300MPa，泊松比为 0.29，质量密度为 7800kg/m^3。

5.3.3　钢筋分布方式对墙体受力性能影响

5.3.3.1　不同分布方式的工况介绍

1. 十字分布

墙体尺寸为 3000mm×1300mm×300mm，为了研究分布方式对墙体受力性能的影响，钢筋用量和直径控制一样，只改变钢筋的排布方式。钢筋网格部件和位置布置示意图如图 5.22 所示，示意图中红色部分为钢筋部件。

2. 交叉分布

墙体尺寸为 3000mm×1300mm×300mm，考虑到施工精度，交叉分布没有考虑交叉的角度。模型采用控制变量的方法，控制钢筋用量和直径相同，由于钢筋用量（总长度）很难保证完全一致，本章将误差控制在 1mm，即钢筋总长度相差在 1mm 左右视为用量相同。建立的钢筋部件和位置布置示意图如图 5.23 所示。

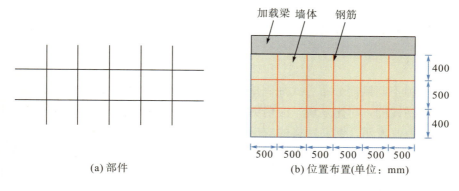

(a) 部件　　　　　　　(b) 位置布置(单位：mm)

图 5.22　十字分布钢筋部件和位置布置示意图

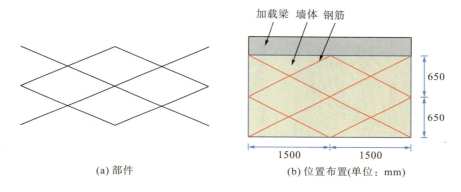

(a) 部件　　　　　　　(b) 位置布置(单位：mm)

图 5.23　交叉分布钢筋部件和位置布置示意图

3. 水平分布

墙体尺寸为 3000mm×1300mm×300mm，采用控制变量法，控制钢筋用量和直径相同，改变钢筋布置位置。水平分布设置四根水平钢筋，建立的钢筋部件和位置布置示意图如图 5.24 所示。

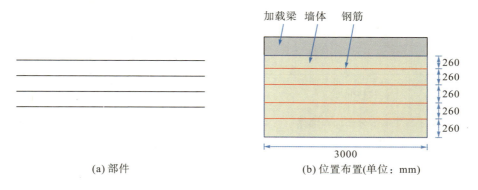

(a) 部件　　　　　　　(b) 位置布置(单位：mm)

图 5.24　水平分布钢筋部件和位置布置示意图

5.3.3.2　不同分布方式计算结果

1. 滞回曲线

本章将三种不同钢筋分布方式加固墙体和原墙体进行对比，研究它们在水平往复荷载作用下的滞回性能。对比发现，应用钢筋网格加固的墙体滞回曲线都接近梭形，滞回环面积更大，由此表明，钢筋网格的应用不仅能够提高毛石墙体的水平承载能力，而且对滞回性能也有明显提升。不同钢筋分布方式加固墙体与原墙体滞回曲线如图 5.25～图 5.28 所示。

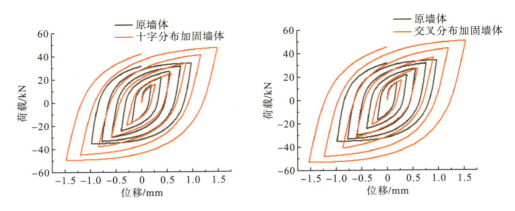

图 5.25　十字分布加固墙体与原墙体的滞回曲线　图 5.26　交叉分布加固墙体与原墙体的滞回曲线

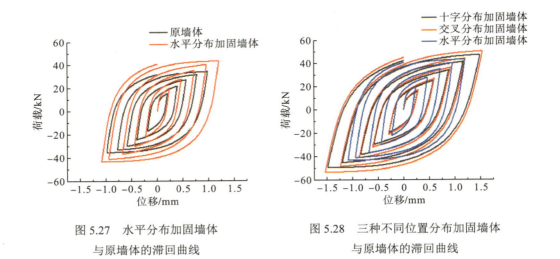

图 5.27　水平分布加固墙体　　　　　　　图 5.28　三种不同位置分布加固墙体
　　　　　与原墙体的滞回曲线　　　　　　　　　　　与原墙体的滞回曲线

由图 5.25 可以看出，十字分布加固墙体滞回曲线较原墙体更加饱满，最大荷载也更大，墙体耗能能力提升比较明显，分析原因可能为：钢筋具有良好的抗拉性能，而石砌体墙脆性较大，石块材料和泥浆材料抗拉性能弱，墙体抗剪和抗震性能差，钢筋刚好可以弥补石砌体墙的这种缺点。由图 5.26 可以看出，交叉分布加固墙体与原墙体相比极限位移有所增加，最大荷载也有明显提升，滞回环比较饱满，墙体耗能能力提升比较明显，分析原因可能是这种钢筋网格的布置方式提升了墙体的整体性，从而提高了墙体的耗能能力。由图 5.27 可以看出，水平分布加固墙体最大荷载和极限位移有所提升，滞回环面积相比原墙体有少许提升。分析原因可能为：水平分布的方式不如形成网格状的钢筋之间具有良好的连接，所以对墙体整体性提升不如另外两种。图 5.28 为三种位置分布加固墙体滞回曲线对比图，由图可以看出，十字分布与交叉分布加固墙体滞回环面积比较接近，原因可能为两种分布方式都形成了类似网状的构造，提升效果接近，并且钢筋良好的抗拉性能也能改善石砌体墙脆性较大的缺点，所以耗能能力提升都比较明显，而水平分布加固墙体形成的这种条状构造效果要弱于网状构造效果。

2. 骨架曲线

不同钢筋分布方式下，加固墙体与原墙体骨架曲线如图 5.29～图 5.32 所示。从图中可以看出，原墙体在加载至 0.98mm 时达到屈服，屈服荷载为 34.07kN，十字分布加固墙体加载至 1.466mm 时达到屈服，屈服荷载为 44.76kN，交叉分布加固墙体加载至 1.471mm 时达到屈服，屈服荷载为 46.01kN，水平分布加固墙体加载至 1.192mm 时达到屈服，屈服荷载为 42.33kN。由曲线图可以得出：交叉分布加固墙体的极限水平承载力最大，相比原墙体承载力提高了 35.05%，十字分布加固墙体相比原墙体承载力提高了 31.38%，水平分布加固墙体相比原墙体承载力提高了 24.24%。由图 5.32 可以看出，不同钢筋分布方式加固墙体最大水平荷载不同，其中十字分布加固墙体和交叉分布加固墙体承载能力提升比较大，两种加固方式的提升幅度接近，考虑到实际工程中的应用，十字分布施工较为方便，钢筋布置间距和角度也比较好控制，所以建议采用十字分布的钢筋网格进行加固。

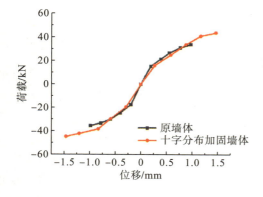
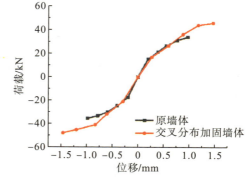

图 5.29　十字分布加固墙体与原墙体骨架曲线　图 5.30　交叉分布加固墙体与原墙体骨架曲线

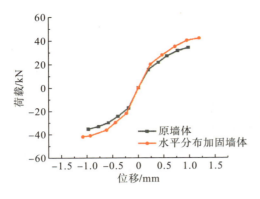
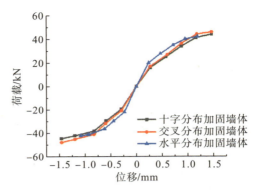

图 5.31　水平分布加固墙体与原墙体骨架曲线　　　图 5.32　三种不同位置分布加固墙体骨架曲线

3. 刚度退化曲线

不同钢筋分布方式加固墙体初始刚度和残余刚度如表 5.2 所示，从表中可以看出，十字分布加固墙体相比原墙体初始刚度提升了 10.51%，残余刚度提升了 11.62%，说明钢筋十字分布能够一定程度上提升墙体的侧向刚度；交叉分布加固墙体相比原墙体初始刚度提升了 5.52%，残余刚度提升了 7.85%，说明钢筋交叉分布能够轻微提升墙体侧向刚度；水平分布加固墙体相比原墙体初始刚度提升了 21.85%，残余刚度提升了 24.16%，说明钢筋水平分布对墙体侧向刚度提升幅度最大。但三组墙体在初始刚度和残余刚度上，相比于原墙体都有一定程度的提升。

表 5.2　不同钢筋分布方式加固墙体初始刚度和残余刚度　　（单位：kN/mm）

钢筋分布方式	初始刚度	残余刚度
十字分布加固墙体	76.47	33.13
交叉分布加固墙体	73.02	32.01
水平分布加固墙体	84.32	36.85
原墙体	69.20	29.68

不同钢筋分布方式加固墙体刚度退化曲线如图 5.33 所示。从图中可以看出，墙体的刚度退化曲线可以分为三个阶段：急剧下降阶段、缓慢下降阶段和平滑稳定阶段。在水平位移小于 0.4mm 时刚度退化比较快，这一阶段墙体裂缝不断产生，对墙体的刚度影响比较大。当水平位移在 0.4~0.8mm 时，墙体刚度逐渐稳定，墙体裂缝逐渐发展为通缝。当位移大于 0.8mm 时，墙体主要依赖摩擦作用提供承载力，因此也具有一定的抗侧刚度。对比加固墙体和原墙体刚度退化曲线可以发现，十字分布和交叉分布加固墙体刚度衰减要比原墙体慢，水平分布加固墙体和原墙体刚度衰减速度接近，分析原因，可能是钢筋作用使得墙体整体性和延性得到提高，结果降低了墙体刚度衰减的速度，而前两种加固方式对墙体整体性提升要优于后一种加固方式。

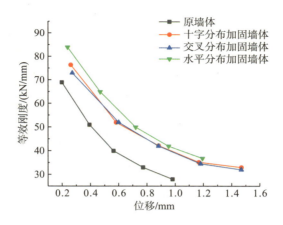

图 5.33　不同钢筋分布方式加固墙体刚度退化曲线

5.3.3.3　耗能及延性

不同钢筋分布方式墙体和原墙体能量耗散系数 E_p 如表 5.3 所示。从表中可以看出，十字分布和交叉分布方式对墙体耗能能力提升比较好，说明这种网状分布方式是一种较好的加固方法，能够有效提高墙体耗能能力。综合来看，十字分布的加固方式具有承载力、延性和耗能能力提升明显，并且施工更方便等优点，后续研究也采用这种加固方式进行。

表 5.3　不同钢筋分布方式的墙体能量耗散系数 E_p

钢筋分布方式	E_p
十字分布加固墙体	0.703
交叉分布加固墙体	0.698
水平分布加固墙体	0.630
原墙体	0.612

5.3.4　钢筋间距对墙体受力性能影响

5.3.4.1　不同钢筋间距的工况介绍

为了研究钢筋间距对墙体受力性能的影响，采用控制变量法，钢筋分布方式采用十字分布，墙体尺寸为 3000mm×1300mm×300mm。通过只改变钢筋之间距离，本节控制横向钢筋间距和纵向钢筋间距一致，将各加固墙体与原墙体进行对比分析，研究不同墙体的抗震性能。为了方便研究，间距控制在 200～700mm，取六种间距：700mm、600mm、500mm、400mm、300mm、200mm，钢筋布置原则遵照由中间向边缘分布，直至间距不够为止。不同间距钢筋部件和位置布置示意图如图 5.34～图 5.39 所示。

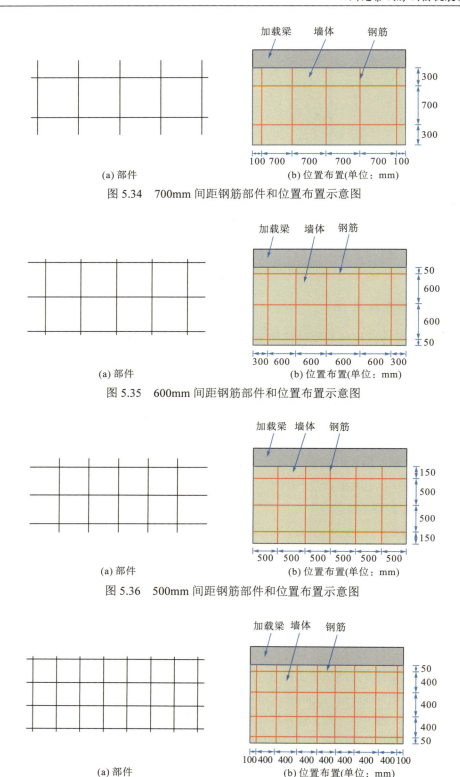

(a) 部件　　　(b) 位置布置(单位：mm)

图 5.34　700mm 间距钢筋部件和位置布置示意图

(a) 部件　　　(b) 位置布置(单位：mm)

图 5.35　600mm 间距钢筋部件和位置布置示意图

(a) 部件　　　(b) 位置布置(单位：mm)

图 5.36　500mm 间距钢筋部件和位置布置示意图

(a) 部件　　　(b) 位置布置(单位：mm)

图 5.37　400mm 间距钢筋部件和位置布置示意图

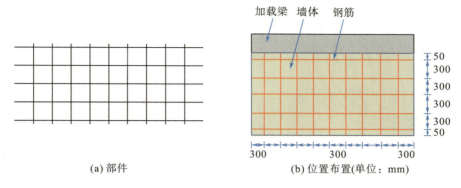

(a) 部件　　　　　　　　　　(b) 位置布置(单位：mm)

图 5.38　300mm 间距钢筋部件和位置布置示意图

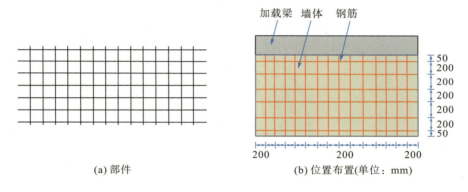

(a) 部件　　　　　　　　　　(b) 位置布置(单位：mm)

图 5.39　200mm 间距钢筋部件和位置布置示意图

5.3.4.2　不同钢筋间距计算结果

1. 滞回曲线

不同钢筋间距加固墙体和原墙体滞回曲线如图 5.40～图 5.42 所示。由图 5.40 可以看出，间距为 700mm 和间距为 600mm 墙体滞回曲线接近梭形，形状比较饱满，滞回环的面积相比较原墙体也有一定的增大。由图 5.41 可以看出，间距为 500mm 和间距为 400mm 墙体与原墙体相比，滞回曲线更加饱满，滞回环面积提升比较明显，极限位移提升比较明显，说明该区段间距墙体耗能能力有了不错的提升。由图 5.42 可以看出，间距为 300mm 和间距为 200mm 墙体滞回曲线比较饱满，滞回面积相比原墙体提升明显，但提升幅度相较于 400～500mm 有减缓，原因可能是随着钢筋间距的不断减小，这种钢筋网面加固的效果逐渐接近极限。在水平荷载作用下，随着水平位移不断增大，墙体材料发生破坏导致墙体屈服。建议钢筋间距控制在 400～500mm。

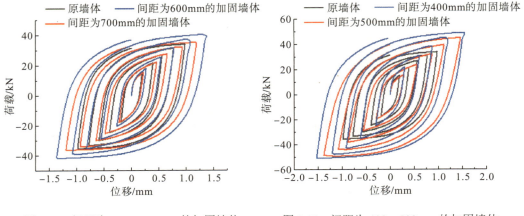

图 5.40　间距为 600～700mm 的加固墙体
和原墙体的滞回曲线

图 5.41　间距为 400～500mm 的加固墙体
和原墙体的滞回曲线

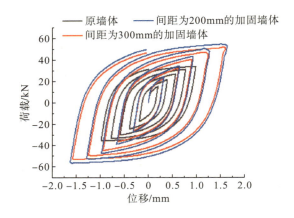

图 5.42　间距为 200～300mm 的加固墙体和原墙体的滞回曲线

2. 骨架曲线

根据滞回曲线在每级荷载作用下极值点绘制不同钢筋间距加固墙体和原墙体的骨架曲线，如图 5.43～图 5.45 所示。从图中可以得出，原墙体在加载至 0.98mm 时达到屈服，屈服荷载为 35.48kN，间距为 700mm 墙体在加载至 1.236mm 时达到屈服，屈服荷载为 35.51kN，间距为 600mm 墙体在加载至 1.378mm 时达到屈服，屈服荷载为 40.32kN，间距为 500mm 墙体在加载至 1.484mm 时达到屈服，屈服荷载为 44.67kN，间距为 400mm 墙体在加载至 1.554mm 时达到屈服，屈服荷载为 49.02kN，间距为 300mm 墙体在加载至 1.593mm 时达到屈服，屈服荷载为 52.31kN，间距为 200mm 墙体在加载至 1.634mm 时达到屈服，屈服荷载为 54.41kN。根据各组曲线结果对比可知，随着钢筋间距不断减小，墙体的极限承载力不断提升，极限位移逐渐增大，其中间距在 400～500mm 时提升效果最为明显。分析原因可能是钢筋网格密度不断增大使得墙体整体性增强，延性不断增加，随着间距逐渐减小，墙体水平位移逐渐趋于极限值，屈服荷载和极限位移提升逐渐变缓。当钢筋间距为 400～500mm 时，墙体极限承载力有明显提升，同时保证了延性提高，所以本章建议钢筋间距控制在 400～500mm 比较合理。

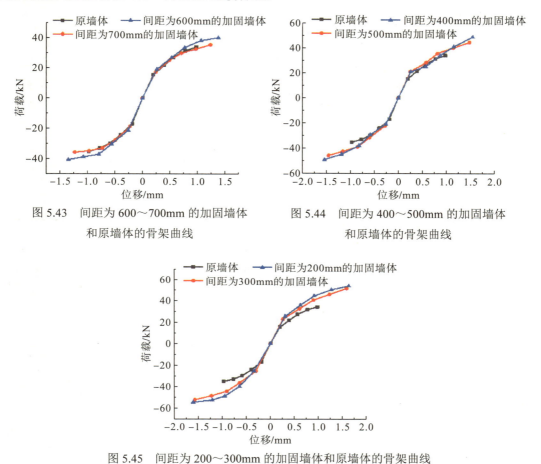

图 5.43　间距为 600～700mm 的加固墙体和原墙体的骨架曲线　　　　图 5.44　间距为 400～500mm 的加固墙体和原墙体的骨架曲线

图 5.45　间距为 200～300mm 的加固墙体和原墙体的骨架曲线

3. 刚度退化曲线

不同钢筋间距加固墙体初始刚度和残余刚度如表 5.4 所示。从表中可以看出，原墙体初始刚度为 69.20kN/mm，残余刚度为 29.68kN/mm，相比于原墙体，间距为 700mm 墙体初始刚度提升了 11.18%，残余刚度提升了 0.40%，间距为 600mm 墙体初始刚度提升了 12.57%，残余刚度提升了 0.10%，间距为 500mm 墙体初始刚度提升了 18.82%，残余刚度提升了 4.01%，间距为 400mm 墙体初始刚度提升了 16.72%，残余刚度提升了 7.24%，间距为 300mm 墙体初始刚度提升了 24.87%，残余刚度提升了 11.25%，间距为 200mm 墙体初始刚度提升了 13.68%，残余刚度提升了 13.44%。可以发现，当钢筋间距小于 600mm 时，对墙体的抗侧向刚度提升比较明显，墙体残余刚度均有小幅度提高。

不同钢筋间距加固墙体刚度退化曲线如图 5.46～图 5.49 所示。从图中可以看出，加固墙体抗侧刚度退化的趋势和幅度与原墙体相似，都经历了三个阶段：急剧下降阶段、缓慢下降阶段和平滑稳定阶段；当钢筋间距在 600～700mm 时，墙体抗侧刚度下降幅度与原墙体类似，当间距小于 600mm 时加固墙体抗侧刚度退化更加平缓，表明钢筋网格在一定密度时能够提高墙体整体性和延性。但是较小的钢筋间距增加了钢筋的用量和经济成本，所以本章建议钢筋间距控制在 400～500mm 较为合理。

表 5.4　不同钢筋间距的加固墙体初始刚度和残余刚度

钢筋间距/mm	初始刚度/(kN/mm)	残余刚度/(kN/mm)
原墙体	69.20	29.68
700	76.94	29.80
600	77.90	29.71
500	82.22	30.87
400	80.77	31.83
300	86.41	33.02
200	78.67	33.67

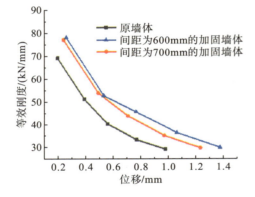

图 5.46　间距为 600～700mm 的加固墙体和原墙体的刚度退化曲线

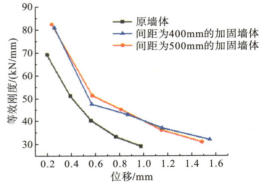

图 5.47　间距为 400～500mm 的加固墙体和原墙体的刚度退化曲线

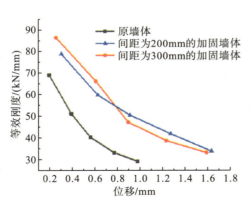

图 5.48　间距为 200～300mm 的加固墙体和原墙体的刚度退化曲线

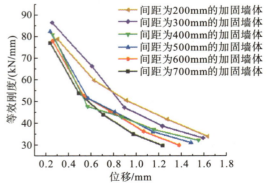

图 5.49　间距为 200～700mm 的加固墙体和原墙体的刚度退化曲线

5.3.4.3　耗能及延性

不同钢筋间距的加固墙体和原墙体能量耗散系数 E_p 如表 5.5 所示。从表中可以看出，当钢筋间距小于 600mm 时墙体耗能能力提升效果比较好，并且随着间距不断减小，墙体能量耗散系数越大，当间距小于 400mm 时，墙体的耗能能力增幅开始有减缓趋势，说明合理地设置钢筋间距能够有效提高墙体耗能能力，综合考虑经济性，建议钢筋间距控制在 400～500mm 比较合理。

表 5.5　不同钢筋间距的墙体能量耗散系数 E_p

钢筋间距/mm	E_p
原墙体	0.612
700	0.627
600	0.658
500	0.701
400	0.715
300	0.731
200	0.729

5.3.5　钢筋直径对墙体受力性能影响

5.3.5.1　不同钢筋直径的工况介绍

为了研究钢筋直径对墙体受力性能的影响，采用控制变量法，位置分布采用十字分布，钢筋间距为 500mm，墙体尺寸为 3000mm×1300mm×300mm。通过改变钢筋直径来研究其对墙体的力学性能的影响，在 ABAQUS 中通过属性模块改变钢筋截面面积实现，为了方便研究，本章选择 6mm、8mm、10mm 和 12mm 四种直径进行研究。

5.3.5.2　不同钢筋直径的计算结果

1. 滞回曲线

不同钢筋直径加固墙体和原墙体在水平往复荷载作用下的滞回曲线如图 5.50～图 5.53 所示。由图可以看出，在位移加载初期，墙体的位移-荷载曲线接近直线，此时墙体处于线弹性阶段，当位移荷载不断增大时，墙体开始不断出现裂缝，能量开始持续耗散，曲线趋于平缓，墙体进入弹塑性阶段，加载后期，墙体能量耗散殆尽，曲线接近水平状态，墙体进入塑性阶段。对比各图发现，有钢筋网格的墙体滞回曲线更加饱满，并且随着钢筋直径的增大，墙体水平承载力也不断提高，滞回曲线由原来扁平的梭形转向饱满的梭形，当钢筋直径大于 10mm 时，滞回曲线开始有一定程度的捏缩，耗能能力提升的幅度开始变缓。对比不同钢筋直径加固墙体滞回曲线可以看出，随着钢筋直径的增大，墙体耗能能力增强的趋势为先大后小，建议钢筋直径(D)控制在 8～10mm。

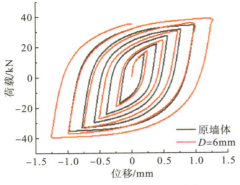

图 5.50　直径为 6mm 的加固墙体和
原墙体的滞回曲线

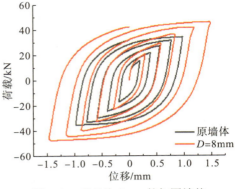

图 5.51　直径为 8mm 的加固墙体
和原墙体的滞回曲线

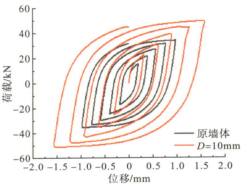

图 5.52　直径为 10mm 的加固墙体
和原墙体的滞回曲线

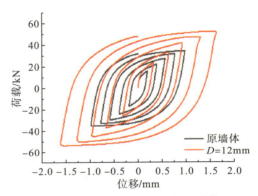

图 5.53　直径为 12mm 的加固墙体
和原墙体的滞回曲线

2. 骨架曲线

根据滞回曲线在每级荷载作用下极值点绘制不同钢筋直径加固墙体的骨架曲线，如图 5.54～图 5.56 所示。对不同钢筋直径加固墙体和原墙体而言，在位移加载初期，墙体处于线弹性阶段，刚度较大，当墙体逐渐开始出现裂缝时，墙体开始进入弹塑性阶段，承载力不断增大，随着位移加载不断增大，墙体开始进入摩擦耗能阶段，承载力逐渐趋于平缓，并且依然保持着较高的承载力。

由图 5.54～图 5.56 可以看出，原墙体在加载至 0.98mm 时达到屈服，屈服荷载为 35.48kN，钢筋直径 D=6mm 加固墙体在加载至 1.272mm 时达到屈服，屈服荷载为 37.41kN，D=8mm 加固墙体在加载至 1.483mm 时达到屈服，屈服荷载为 45.82kN，D=10mm 加固墙体在加载至 1.58mm 时达到屈服，屈服荷载为 49.25kN，D=12mm 加固墙体在加载至 1.641mm 时达到屈服，屈服荷载为 51.81kN。由图 5.56 可以看出：D=12mm 加固墙体的极限水平承载力最大，相比原墙体承载力提高了 46.56%，D=6mm 加固墙体相比原墙体承载力提高了 5.44%，D=8mm 墙体相比原墙体承载力提高了 29.14%，D=10mm 加固墙体相比原墙体承载力提高了 38.81%，D=12mm 加固墙体相比原墙体承载力提高了 46.03%。由结果可以看出，随着强度的增大，墙体承载力提高幅度呈现先大后小的现象，墙体极限位移逐渐增大且幅度逐渐变缓。分析原因可能为随着钢筋直径的增大，墙体整体性不断增强，延性提高，当直径增加到一定程度，墙体加固效果接近极限，极限承载力提升变缓。综合考虑，钢筋直径的增加也会提高经济成本，建议钢筋直径控制在 8～10mm。

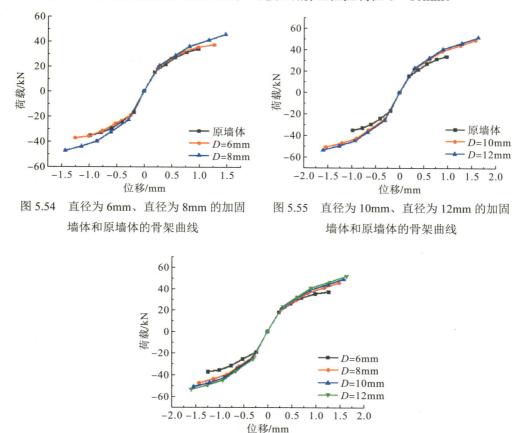

图 5.54　直径为 6mm、直径为 8mm 的加固　　图 5.55　直径为 10mm、直径为 12mm 的加固
　　　　　墙体和原墙体的骨架曲线　　　　　　　　　　墙体和原墙体的骨架曲线

图 5.56　不同钢筋直径加固墙体骨架曲线

3. 刚度退化曲线

不同钢筋直径加固墙体初始刚度和残余刚度如表 5.6 所示。从表中可以看出，原墙体初始刚度为 69.20kN/mm，相比原墙体，$D=6$mm 墙体初始刚度提升了 9.88%，残余刚度提升了 2.43%；$D=8$mm 墙体初始刚度提升了 13.02%，残余刚度提升了 8.22%；$D=10$mm 墙体初始刚度提升了 11.71%，残余刚度提升了 8.46%；$D=12$mm 墙体初始刚度提升了 14.81%，残余刚度提升了 10.34%，总结规律可以发现，钢筋直径大于 8mm 时，墙体抗侧刚度提升幅度为 10%～15%。

不同钢筋直径加固墙体刚度退化曲线如图 5.57～图 5.59 所示。从图 5.59 可以看出，墙体抗侧刚度退化的趋势都经历了三个阶段：急剧下降阶段、缓慢下降阶段和平滑稳定阶段。加固墙体比原墙体刚度下降更平缓一些，随着钢筋直径的增大，变缓趋势更明显。由图 5.59

可以看出，当钢筋直径大于 10mm 时刚度退化趋势比较接近，刚度提升幅度开始减弱，这表明钢筋直径对墙体加固效果逐渐达到极限。当钢筋直径达到 8～10mm 时，墙体抗侧刚度提升最明显，直径对整个刚度退化影响也比较大，建议钢筋直径控制在 8～10mm。

表 5.6 不同钢筋直径的加固墙体初始刚度和残余刚度

钢筋直径/mm	初始刚度/(kN/mm)	残余刚度/(kN/mm)
原墙体	69.20	29.68
6	76.04	30.40
8	78.21	32.12
10	77.30	32.19
12	79.45	32.75

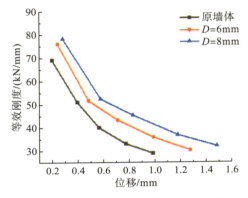

图 5.57 直径为 6mm、直径为 8mm 的加固墙体和原墙体的刚度退化曲线

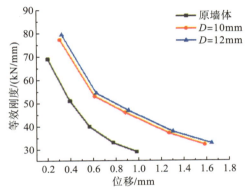

图 5.58 直径为 10mm、直径为 12mm 的加固墙体和原墙体的刚度退化曲线

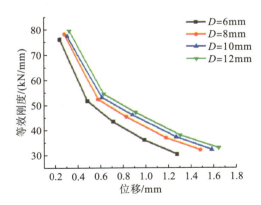

图 5.59 不同钢筋直径的加固墙体的刚度退化曲线

5.3.5.3 耗能及延性

不同钢筋直径的加固墙体和原墙体能量耗散系数 E_p 如表 5.7 所示。从表中可以看出，当钢筋直径大于 8mm 时墙体耗能能力提升效果比较好，并且随着钢筋直径不断增大，墙

体能量耗散系数越大,其幅度先大后小,说明合理的钢筋直径能够有效提高墙体耗能能力,建议钢筋直径控制在 8～10mm。

表 5.7　不同钢筋直径的加固墙体能量耗散系数 E_p

钢筋直径/mm	E_p
原墙体	0.612
6	0.641
8	0.683
10	0.712
12	0.728

5.4　钢筋网格加固碉房结构动力特性分析

5.3 节对钢筋网格加固的三个影响因素进行了分析和研究,确定了钢筋网格的分布方式、钢筋间距和钢筋直径的合理范围。为了进一步研究钢筋网格加固对桃坪羌寨碉房结构抗震性能的改善效果,本节将基于 5.3 节分析的合理方案对碉房进行加固,对当地碉房和加固碉房进行动力特性分析,研究当地碉房和加固碉房的振动规律。

5.4.1　碉房模型的选取与建立

5.4.1.1　模型的选取

本节模型基于桃坪羌寨地区典型碉房结构,选取两种典型碉房,一种是小体量低层碉房,一种是大体量多层碉房。多层碉房通过对当地村民碉房老宅进行测量获得的资料,房屋尺寸如图 5.60 所示。房屋一共三层,一层为客厅和储物房,二层为主要功能区,有客厅、厨房和卧室之分,三层主要为晒台,用于晾晒谷物等农作物,层高由下至上分别为

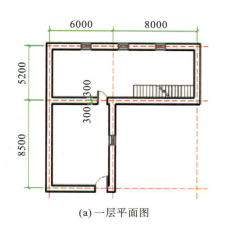
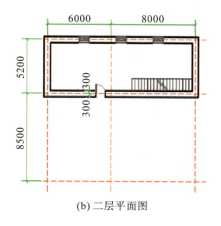

(a) 一层平面图　　　　　　　　　　(b) 二层平面图

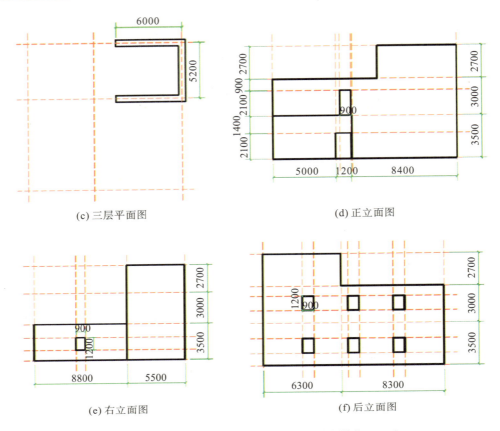

(c) 三层平面图　　　　　　　　　　　(d) 正立面图

(e) 右立面图　　　　　　　　　　　(f) 后立面图

图 5.60　桃坪羌寨碉房结构平面图和立面图(单位：mm)

3.5m、3m 和 2.7m。低层碉房由于平面结构和空间尺寸与多层碉房的首层类似，因此为方便研究，低层碉房空间尺寸选择与多层碉房的首层相同。

5.4.1.2　模型的建立

　　本节选取当地两种典型建筑结构建立模型：低层碉房和多层碉房，再将水泥砂浆应用到两种典型碉房建筑，一共建立 4 个碉房模型，研究其抗震改良效果。建模方式依旧为分离式，考虑到分离式建模较为复杂，本节模型忽略门窗洞口及碉房内部木柱、木梁及楼梯等附属结构。对于加固碉房结构，依旧采用钢筋网格布置在碉房内墙，软件中采用嵌入(embed)表面的方法实现。

　　对于加固方案，钢筋网格的布置方法参照 5.3 节优选的结果。钢筋的分布方式采用十字分布，钢筋间距控制为 500mm，在实际应用中由于间距不好精确控制，所以建议在实际操作中，间距控制在 400～500mm 即可。钢筋直径选择 8mm，实际应用中建议考虑经济因素选择直径为 8～10mm 的钢筋。低层碉房结构模型如图 5.61 所示，加固低层碉房钢筋网格布置如图 5.62 所示，多层碉房结构模型如图 5.63 所示，加固多层碉房钢筋网格布置如图 5.64 所示。

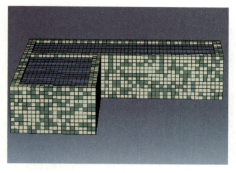

图 5.61 　 低层碉房结构模型

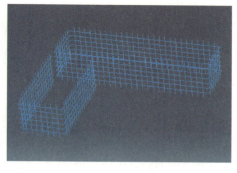

图 5.62 　 加固低层碉房钢筋网格布置

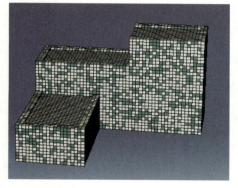

图 5.63 　 多层碉房结构模型

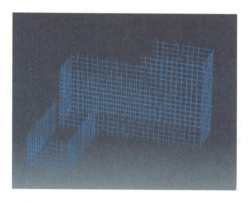

图 5.64 　 加固多层碉房钢筋网格布置

5.4.2 　 边界条件和荷载

在软件荷载模块中对碉房模型建立荷载和边界条件。碉房模态分析时不需要设置荷载,只需要将碉房底部完全固定即可。边界条件如图 5.65 所示。对于地震作用下动力时程分析,需要对模型添加 Y 方向重力荷载,水平面施加 X 方向和 Z 方向地震波,并将碉房底部完全固定,其荷载和边界条件设置如图 5.66 所示。

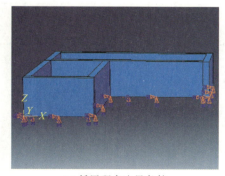

(a) 低层碉房边界条件

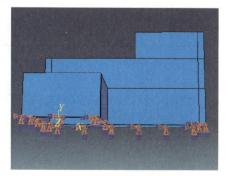

(b) 多层碉房边界条件

图 5.65 　 碉房模态分析边界条件

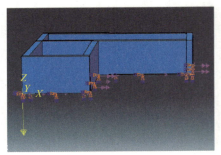 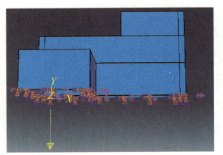

(a) 低层碉房时程分析和边界条件   (b) 多层碉房时程分析和边界条件

图 5.66   碉房时程分析荷载和边界条件

5.4.3   网格划分

在进行碉房有限元建模时，模型网格的划分非常重要，网格的大小直接影响了计算结果的精确性，因此，既要减少计算时间又要计算相对准确。如果网格划分得比较大会使计算结果误差大、不精确，但是会节约时间。如果网格划分得比较细会使计算结果更为精确，输出内容更多，但也大大增加了计算时长，给后面的数据处理带来一定的麻烦。所以在网格划分时选择合理的单元尺寸，才能保证计算结果的准确性和计算时长的合理性。

本节采用结构化(structured)划分方式对碉房模型进行网格划分。在对模型进行划分时，可以分为三个部分：生土、石材墙体部分和楼顶部分采用 8 节点减缩积分形式的 Solid 单元 C3D8R，这种单元可以模拟出材料的脆性特征；钢筋网格部分采用 Truss 单元 T3D2 模拟，这种单元可以较好模拟出钢筋的受拉的特性。由于墙体厚度为 600mm，墙体单元尺寸控制在 300mm，楼顶为土木组合结构，材质性能弱，网格尺寸控制为 500mm。模型不同结构单元类型和网格尺寸如表 5.8 所示，碉房结构模型网格划分如图 5.67 所示。

表 5.8   模型不同结构单元类型和网格尺寸

结构	生土、石材墙体	钢筋	楼顶
单元类型	C3D8R	T3D2	C3D8R
单元尺寸/mm	300	300	500

 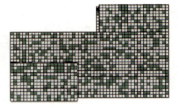

(a) 碉房部分

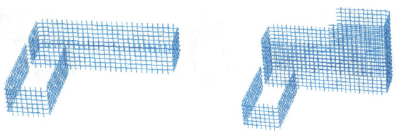

(b) 钢筋网格部分

图 5.67　碉房结构模型网格划分

5.4.4　碉房动力特性分析

用 ABAQUS 进行模态分析,考虑到楼顶材质强度和刚度比较小,其对整栋碉房结构抗侧刚度提升幅度很小,且碉房结构振动频率比楼顶大得多,模拟时会偏离真实情况,故模态分析时去除楼顶结构。对当地碉房和改良碉房分别进行模态分析,得到模型前三阶自振特性(表 5.9),模型前三阶振型见图 5.68～图 5.71。

表 5.9　当地碉房和加固碉房自振特性对比

模型类别	振型/阶	频率/Hz	周期/s	振型特征
当地低层碉房	一	11.0987	0.0901	Y 方向平动
	二	12.1951	0.0820	X 方向平动
	三	12.6263	0.0792	X 方向平动并伴有扭转
加固低层碉房	一	12.7877	0.0782	Y 方向平动
	二	14.2653	0.0701	X 方向平动
	三	14.9701	0.0668	X 方向平动并伴有扭转
当地多层碉房	一	3.4223	0.2922	Z 方向平动
	二	5.8754	0.1702	Z 方向平动
	三	6.2578	0.1598	Z 方向平动并伴有扭转
加固多层碉房	一	3.9984	0.2501	Z 方向平动
	二	6.5232	0.1533	Z 方向平动
	三	7.5988	0.1316	Z 方向平动并伴有扭转

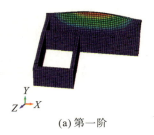　　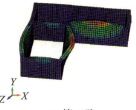

(a) 第一阶　　　　　　　(b) 第二阶　　　　　　　(c) 第三阶

图 5.68　当地低层碉房前三阶振型

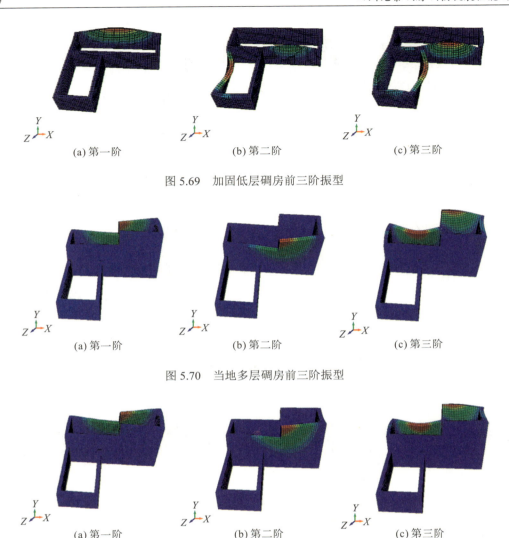

(a) 第一阶   (b) 第二阶   (c) 第三阶

图 5.69　加固低层碉房前三阶振型

(a) 第一阶   (b) 第二阶   (c) 第三阶

图 5.70　当地多层碉房前三阶振型

(a) 第一阶   (b) 第二阶   (c) 第三阶

图 5.71　加固多层碉房前三阶振型

　　根据分析结果可知，当地低层碉房结构自振周期 T_1=0.0901s。模型前三阶振型为沿 Y 方向平动，沿 X 方向平动，沿 X 方向平动并伴有扭转。加固低层碉房结构自振周期 T_2=0.0782s。前三阶振型和当地低层碉房类似。当地多层碉房结构自振周期 T_3=0.2922s。前三阶振型为沿 Z 方向平动，沿 Z 方向平动，沿 Z 方向平动并伴有扭转。加固多层碉房结构自振周期 T_4=0.2501s，前三阶振型和当地多层碉房类似。结果表明碉房结构在地震荷载作用下主要以剪切变形为主，并有空间扭转现象，表现出生土石砌体结构的刚性。

　　根据对四个碉房模型自振周期和振型的分析，结合调研资料，归纳出碉房动力特性的特点。

　　(1) 生土石砌体碉房结构在振动时以剪切变形为主，并有空间转动现象，符合石砌体结构的振动现象，主要表现出石砌体结构的刚性。

（2）根据碉房模型自振周期结果得出，钢筋网格应用后的加固碉房周期均小于原碉房结构自振周期，说明钢筋网格的应用提高了房屋的整体性和结构的刚度。对比低层碉房和多层碉房建筑，低层碉房自振周期小于多层碉房，符合结构的自振规律：由经验自振周期公式可知，碉房的自振周期和房屋高度成正比，多层碉房建筑由于高度更高，所以自振周期更长。

（3）碉房模型在前两阶振型中表现为平动，在第三阶振型中表现为部分墙体发生扭转，这说明碉房结构整体刚度均匀分布，抗扭刚度较大。

（4）对于多层碉房结构，随着高度增加，各楼层与地面的相对位移越大。

5.5　钢筋网格加固碉房结构动力时程分析

基于 5.4 节建立的碉房模型，本节将对当地碉房和加固碉房在多遇地震作用下和罕遇地震作用下时程响应进行分析。在多遇地震作用下，对碉房结构的内力和位移进行分析，包括基底剪力、底部最大弯矩、竖向轴力、顶点位移、层间位移等，对碉房加固前后的内力和位移进行对比，分析抗震加固的效果；在罕遇地震作用下，重点分析碉房的位移响应，包括顶点位移、层间位移，再计算层间位移角，参照抗震规范和相关文献中对层间位移角的限值，分析碉房结构加固前后，在罕遇地震作用下的破坏状态，确定是否满足"大震不倒"的抗震设防目标。

5.5.1　地震波选取

地震波的选取同 3.4.2.1 节。

5.5.2　多遇地震作用下碉房结构时程响应分析

5.5.2.1　内力分析

在多遇地震作用下，对各碉房的基底剪力、底部最大弯矩、竖向轴力进行分析，将三条地震波的计算结果取平均值。谢小华(2011)在文章中提到，对于多条地震波对结构进行时程分析时，建议将计算结果取平均值，这样对结构的时程响应分析更加准确一些。

1. 基底剪力

输入烈度为Ⅶ度的地震波，对当地碉房和加固碉房结构进行基底剪力时程分析，然后提取汶川波、EL-Centro 波和 Kobe 波三种地震波下的基底剪力。各模型的基底剪力如图 5.72～图 5.75 所示，从图中可以看出，碉房结构在不同地震波下基底剪力响应不同，表现在图中就是峰值出现的位置不同。再对三条波的计算结果取平均值进行分析，各模型最大基底剪力如表 5.10 所示，从表中可以看出，当地低层碉房最大基底剪力的平均值为

58.77kN，而加固低层碉房最大基底剪力平均值为 49.09kN，相比而言，加固低层碉房最大基底剪力减小了 16.47%，当地多层碉房最大基底剪力平均值为 343.52kN，加固多层碉房最大基底剪力平均值为 276.14kN，加固多层碉房基底剪力比当地多层碉房基底剪力减小了 19.61%。

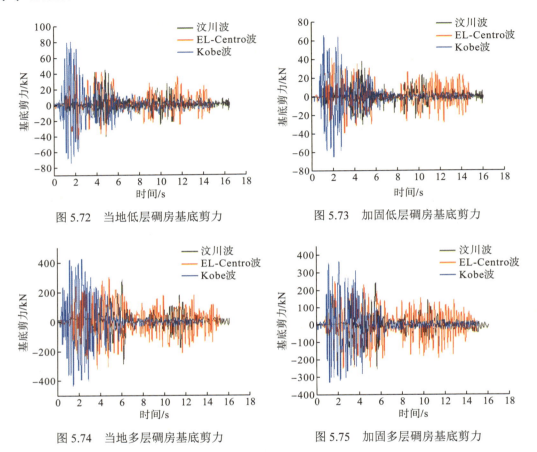

图 5.72　当地低层碉房基底剪力　　　　　　图 5.73　加固低层碉房基底剪力

图 5.74　当地多层碉房基底剪力　　　　　　图 5.75　加固多层碉房基底剪力

表 5.10　不同碉房结构最大基底剪力　　　　　　　（单位：kN）

模型	最大基底剪力			平均值
	汶川波	EL-Centro 波	Kobe 波	
当地低层碉房	42.85	52.44	81.01	58.77
加固低层碉房	37.50	41.55	68.22	49.09
当地多层碉房	290.11	311.05	429.40	343.52
加固多层碉房	231.65	250.24	346.52	276.14

综合分析可知，加固后的碉房相比原来的碉房，最大基底剪力都有一定程度的减小，减小幅度在 15%～20%，说明钢筋网格的应用可以一定程度上减小碉房的基底剪力，减小地震荷载带来的破坏。

2. 底部最大弯矩

不同碉房底部弯矩时程曲线如图 5.76～图 5.79 所示,分析三种地震波作用下碉房墙体的内力情况。从图中曲线可知,当地碉房和加固碉房在不同地震波作用下弯矩变化情况不同,各条波作用下,碉房底部弯矩的峰值出现的位置不同,分析碉房底部弯矩峰值情况,当地低层碉房底部最大弯矩值为 57.98～70.17kN·m,当地多层碉房底部最大弯矩为 42.62～49.83kN·m,同一种碉房结构在三条地震波作用下,底部最大弯矩值有较小的差异,总体而言,钢筋网格加固之后,碉房的底部最大弯矩有一定程度下降,后面对不同碉房底部最大弯矩进行分析。

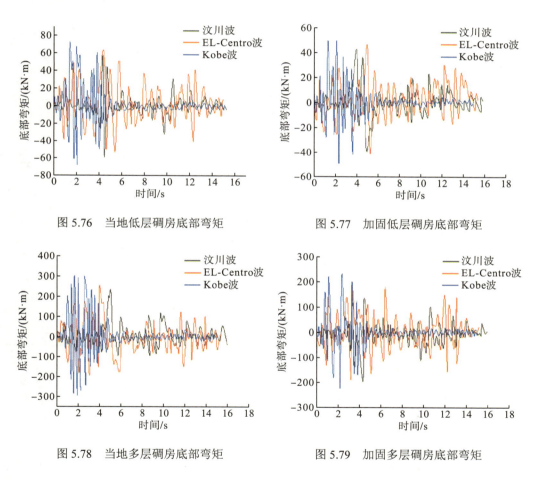

图 5.76　当地低层碉房底部弯矩　　　　　　图 5.77　加固低层碉房底部弯矩

图 5.78　当地多层碉房底部弯矩　　　　　　图 5.79　加固多层碉房底部弯矩

分析当地碉房和加固碉房底部最大弯矩值(图 5.80、图 5.81),对结构在三条地震波下的计算结果取平均值,各碉房结构底部最大弯矩如表 5.11 所示。由表中数据可知,当地低层碉房在地震作用下底部最大弯矩的平均值为 63.07kN·m,而加固低层碉房底部最大弯矩的平均值为 46.26kN·m,比当地低层碉房减小了 26.65%,当地多层碉房在三种波作用下底部最大弯矩的平均值为 258.13kN·m,而加固多层碉房平均值为 203.11kN·m,相比当地多层碉房减小了 21.31%。

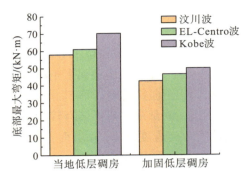

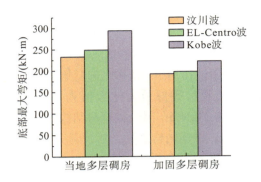

图 5.80 低层碉房底部最大弯矩   图 5.81 多层碉房底部最大弯矩

表 5.11 不同碉房结构底部最大弯矩值   （单位：kN·m）

模型	不同地震波	底部最大弯矩值	平均值
当地低层碉房	汶川波	57.98	63.07
	EL-Centro 波	61.05	
	Kobe 波	70.17	
加固低层碉房	汶川波	42.62	46.26
	EL-Centro 波	46.33	
	Kobe 波	49.83	
当地多层碉房	汶川波	232.78	258.13
	EL-Centro 波	248.21	
	Kobe 波	293.40	
加固多层碉房	汶川波	191.62	203.11
	EL-Centro 波	196.41	
	Kobe 波	221.30	

总体而言，加固后的碉房结构，底部最大弯矩的降幅达到了 21%～27%，表明钢筋网格的应用在一定程度上可以减小房屋在地震荷载作用下的内力，降低房屋的破坏程度。

3. 竖向轴力

对多层碉房结构的竖向轴力进行分析，提取多层碉房结构底部的竖向反力，不同碉房的竖向轴力如图 5.82 和图 5.83 所示。从图中可以看出，当地多层碉房的竖向压力变化幅度不大，为 1900～2000kN，而加固多层碉房的竖向轴力变化幅度很小，轴力值为 1940～2000kN。对比可知，当地多层碉房和加固多层碉房的最大轴力值差别不大，与初始轴力差别在 2% 以内，两者竖向轴力的波动幅度都比较小，相比较初始轴力（1961～1963kN），加固后的碉房结构竖向轴力波动幅度更小一些。

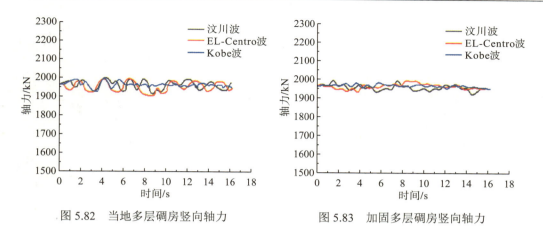

图 5.82 当地多层碉房竖向轴力　　　　　图 5.83 加固多层碉房竖向轴力

综合分析得出，在地震荷载作用下，碉房结构竖向轴力变化不大，其中加固碉房的轴力变化幅度更小，由于生土石砌体结构的抗压性能较好，所以在地震作用下发生受压破坏的概率比较小。

5.5.2.2　位移分析

1. 顶点位移

对当地碉房和加固碉房输入烈度为Ⅶ度的汶川波，提取碉房结构的顶点位移，再计算 EL-Centro 波和 Kobe 波的顶点位移，将三条波的计算结果一起分析，研究碉房结构的顶点位移情况。不同碉房结构的顶点位移如图 5.84～图 5.87 所示，从图中可以看出，同种结构在不同地震波作用下，其顶点位移呈现规律性变化，在图中表现为位移峰值出现的位置不同，不同地震波作用下位移峰值的大小也不相同。提取不同地震波作用下的最大顶点位移进行分析（表 5.12），从表中可知，当地低层碉房的最大顶点位移的平均值为 2.80mm，而加固低层碉房的最大顶点位移的平均值为 2.21mm，最大顶点位移减小了 21.07%，当地多层碉房最大顶点位移平均值为 8.42mm，而加固多层碉房最大顶点位移平均值为 6.48mm，最大顶点位移减小了 23.04%。

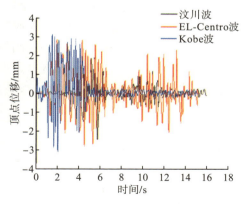

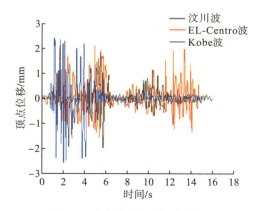

图 5.84 当地低层碉房顶点位移　　　　　图 5.85 加固低层碉房顶点位移

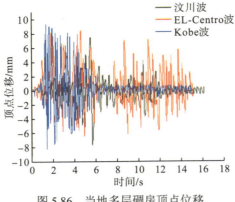
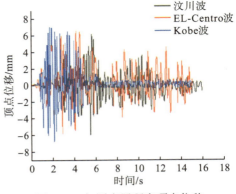

图 5.86　当地多层碉房顶点位移　　　　　图 5.87　加固多层碉房顶点位移

表 5.12　不同碉房结构最大顶点位移　　　　　　　　　（单位：mm）

模型	最大顶点位移			平均值
	汶川波	EL-Centro 波	Kobe 波	
当地低层碉房	2.45	2.84	3.12	2.80
加固低层碉房	1.98	2.25	2.40	2.21
当地多层碉房	7.68	8.34	9.25	8.42
加固多层碉房	6.14	6.38	6.92	6.48

对比碉房结构最大顶点位移可以发现，加固碉房结构相比于当地碉房结构，其最大顶点位移都有一定程度的减小，减小幅度为 20%～25%，表明钢筋网格的应用可以减小碉房的位移反应，从而降低碉房结构在地震中的破坏程度。

2. 层间位移

层间位移是指上下层之间的侧向位移之差，层间位移角是层间位移与层高的比值，一般可以通过层间位移来衡量结构的变形能力。在对毛石砌体结构进行地震破坏分析时，可以通过层间位移角作为判断指标，来鉴别房屋的破坏程度。蒋利学(2018)在文献中对多层砌体结构的损坏程度与层间位移角限值进行了归纳总结，并参照《建筑抗震设计规范》(GB 50011—2011)的要求，提出了一种比较适合多层砌体结构的性能点限值，本章将参照其文献中等级划分标准来对毛石砌体结构的整体破坏进行判别，砌体结构破坏状态与层间位移角对应关系如表 5.13 所示，其中，约束砌体是指有构造柱、圈梁，或者外部构件约束的砌体结构，本章加固碉房模型符合约束砌体，而当地碉房属于无筋砌体，后续会对碉房的破坏状态进行分析。

表 5.13　砌体结构破坏状态与层间位移角对应关系

破坏等级	基本完好	轻微破坏	中等破坏	严重破坏	倒塌
无筋砌体	1/1330～1/2500	1/800～1/1330	1/500～1/800	1/330～1/500	>1/330
约束砌体	1/1330～1/2500	1/800～1/1330	1/250～1/800	1/165～1/250	>1/165

　　在多遇地震作用下，多层碉房的位移反应更大，本章针对多层碉房的层间位移进行分析，在碉房顶点达到最大值时，提取多层碉房的层间位移（图5.88、图5.89）。由图可知，在多遇地震作用下，多层碉房层间位移自下而上呈现逐渐减小的趋势，其中，首层的层间位移最大，再将三条波的首层层间位移取平均值可知：当地多层碉房的首层层间位移平均值为4.61mm，计算得出层间位移角为0.0013，约为1/769，结构处于中等破坏状态，此时房屋首层发生破坏，但经过维修之后仍然可以使用；而加固多层碉房的首层层间位移平均值为3.08mm，算出层间位移角为0.0009，约为1/1111，结构处于轻微破坏状态，而且接近基本完好的限值，所以碉房可以正常使用。

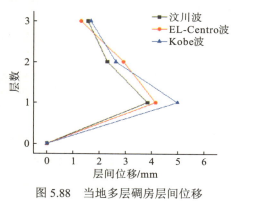
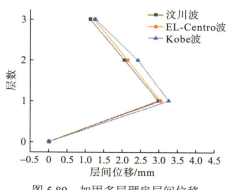

图 5.88　当地多层碉房层间位移　　　　　　图 5.89　加固多层碉房层间位移

　　综上所述，在多遇地震作用下，当地碉房结构首层处于中等破坏状态，房屋发生破坏，而加固碉房的层间位移角更小，结构处于基本完好状态，房屋并未破坏，表明钢筋网格的应用在一定程度上提升了房屋的抗震性能，使得碉房结构能够满足"小震不坏"的基本抗震设防目标。

5.5.3　罕遇地震作用下碉房结构时程响应分析

　　我国抗震规范中提出了"三个水准"要求，对于罕遇地震作用下要求结构避免发生倒塌和破坏，即所谓的"大震不倒"抗震设防要求。本节主要针对碉房结构进行位移响应分析，针对碉房结构的顶点位移响应，以及层间位移分析，并参照规范和文献中对建筑破坏状态的界定，将碉房的层间位移角计算出来，分析碉房结构在罕遇地震作用下的破坏状态，研究钢筋网格的抗震加固效果。

　　1. 顶点位移

　　碉房顶点位移的时程曲线如图 5.90～图 5.93 所示，从图中可以看出，同一种碉房结构在不同地震波作用下，结构顶点位移呈现出了规律性的变化，即各个波的位移峰值出现的位置不同，再对比加固碉房和当地碉房，加固碉房的顶点位移峰值幅度有了一定下降，这主要是因为钢筋网格的加固作用，使得墙体的整体性能有了一定提升，并且钢筋网格限制了墙体的部分位移，所以碉房的顶点峰值下降。

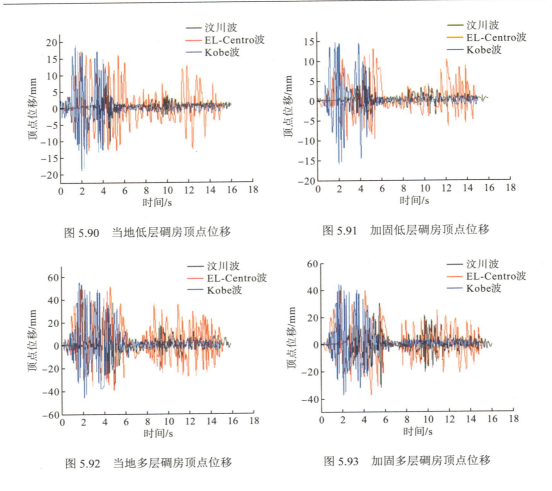

图 5.90　当地低层碉房顶点位移　　　　　　　图 5.91　加固低层碉房顶点位移

图 5.92　当地多层碉房顶点位移　　　　　　　图 5.93　加固多层碉房顶点位移

　　各碉房结构的最大顶点位移如表 5.14 所示,将三条波的计算结果求平均值。从表中可以看出,当地低层碉房最大顶点位移平均值为 16.25mm,加固碉房为 12.78mm,相比而言,加固低层碉房的最大顶点位移下降了 21.35%;当地多层碉房最大顶点位移的平均值为 47.33mm,加固多层碉房的最大顶点位移为 37.79mm,相比而言,加固后的多层碉房最大顶点位移下降了 20.16%。综合分析可知,在罕遇地震作用下,加固后的碉房结构最大顶点位移均小于原来的碉房结构,减小幅度在 20% 左右,说明钢筋网格的应用削弱了碉房结构的位移响应,减小了房屋在地震中遭到的破坏。

表 5.14　各碉房结构最大顶点位移　　　　　　　　　　　　　　　（单位：mm）

模型	最大顶点位移			平均值
	汶川波	EL-Centro 波	Kobe 波	
当地低层碉房	12.42	17.36	18.97	16.25
加固低层碉房	9.90	13.86	14.58	12.78
当地多层碉房	37.41	50.31	54.27	47.33
加固多层碉房	30.08	39.16	44.13	37.79

2. 层间位移和层间位移角

桃坪羌寨碉房结构在罕遇地震作用下，当碉房结构顶点位移达到最大值时，提取碉房各楼层的层间位移(图 5.94、图 5.95)，由图可以看出，碉房结构在罕遇地震作用下，各楼层层间位移自下而上逐渐减小，最大层间位移发生在首层。对于当地多层碉房，其各楼层层间位移值在 0.002~0.0073mm，最大层间位移发生在 Kobe 波作用期间，为 0.0073mm，而加固多层碉房各楼层层间位移值为 0.0017~0.0058mm，最大层间位移也是发生在 Kobe 波作用期间，为 0.0058mm。总体而言，加固后的碉房结构，其层间位移有了一定程度的减小。

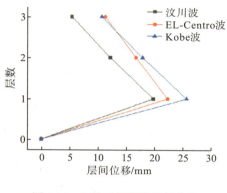
图 5.94   当地多层碉房层间位移

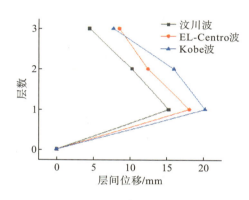
图 5.95   加固多层碉房层间位移

同时将不同碉房的层间位移角计算出来，地震作用下各楼层层间位移角见表 5.15。从表中数据可知，当地低层碉房三条波的层间位移角平均值为 0.0046，而加固低层碉房三条波的层间位移角平均值为 0.0036，层间位移角均值降幅为 21.74%；再分析多层碉房，各楼层层间位移角不同，自下而上逐渐减小，其中当地多层碉房层间位移角均值最大为 0.0065，加固多层碉房层间位移角均值最大为 0.0051，层间位移角均值降幅为 21.54%。结合表 5.15 中的划定，当地低层碉房处于倒塌状态，结构完全损坏，而加固低层碉房处于严重破坏状态，房屋破坏较大，但仍然可以保持不倒，增大了屋内人员生还的可能性。当地多层碉房处于倒塌状态，加固多层碉房处于严重破坏状态，房屋破坏较大但仍未倒塌。

表 5.15   不同碉房模型层间位移角

模型	楼层	层高/m	层间位移角			平均值	房屋状态
			汶川波	EL-Centro 波	Kobe 波		
当地低层碉房	1	3.5	0.0035	0.0050	0.0054	0.0046	倒塌
加固低层碉房	1	3.5	0.0028	0.0039	0.0042	0.0036	严重破坏
当地多层碉房	1	3.5	0.0057	0.0064	0.0073	0.0065	倒塌
	2	3.0	0.0041	0.0056	0.0060	0.0052	
	3	2.7	0.0020	0.0042	0.0040	0.0034	

模型	楼层	层高/m	层间位移角			平均值	房屋状态
			汶川波	EL-Centro波	Kobe波		
加固多层碉房	1	3.5	0.0044	0.0052	0.0058	0.0051	严重破坏
	2	3.0	0.0034	0.0042	0.0054	0.0043	
	3	2.7	0.0017	0.0032	0.0029	0.0026	

综合分析可以得出，碉房加固后房屋虽然都处于严重破坏的状态，但是仍然能够保证不倒，可以满足"大震不倒"的抗震设防目标，并且还有一定裕度，而当地的碉房结构已经全部处于倒塌状态，对屋内人员的生命安全造成了严重威胁。总体而言，在罕遇地震作用下，钢筋网格的加固可以提高房屋的安全性，满足"大震不倒"的抗震设防目标。

5.6　提高桃坪羌寨碉房结构抗震性能的加固建议

基于本章的研究，根据《建筑抗震加固技术规程》(JGJ 116—2009)中5.2.1条规定：房屋抗震性能不满足要求时，宜选择相应加固方法，如钢筋网面层加固、钢绞线网-聚合物砂浆面层加固，建议可以采用钢筋网格对桃坪羌寨碉房结构进行加固，施工时需要将碉房内墙表面清理干净，将绑扎好的钢筋网格置于内墙表面，再进行抹灰固定。对于钢筋网格加固方案，分布方式建议采用十字分布，钢筋间距控制在400～500mm，钢筋直径建议8～10mm。这种单面钢筋网格加固既可以保护建筑外观，又能够提升结构抗震性能。

5.7　结　　论

(1)本章对不同钢筋网格加固墙体进行拟静力分析，得到其滞回曲线、骨架曲线和刚度退化曲线，最后得出结论：①不同钢筋分布方式对墙体的承载力和刚度有不同程度的提升，考虑到实际工程中的应用，十字分布施工较为方便，钢筋布置间距和角度也比较好控制；②当钢筋间距控制在400～500mm时，墙体极限承载力和延性有明显提升，同时还能保证经济性；③综合考虑，钢筋直径的增加也会增加经济成本，建议钢筋直径控制在8～10mm。

(2)本章选择当地典型的两种碉房结构，结合前面钢筋加固的优化范围(分布方式选择十字分布，钢筋间距选择500mm，钢筋直径选择8mm)进行建模，研究钢筋网格加固对碉房抗震性能的影响。后续对不同碉房模型进行了模态分析，发现加固后的碉房结构自振周期均小于当地碉房结构，说明钢筋网格的加固提高了房屋的整体性和刚度。

(3)本章选取了三种典型的地震波，对多遇和罕遇条件下碉房结构的时程响应进行分析。结果表明：①在多遇地震作用下，不同碉房的层间位移自下而上呈现逐渐减小的趋势，通过计算层间位移角可以看出，当地低层碉房会出现中等破坏，加固碉房则表现出基本完好；②在罕遇地震作用下，通过层间位移角分析可知，当地碉房在罕遇地震作用下普遍出现了倒塌，对屋内人员生命安全造成了严重威胁，而加固后的碉房结构也出现了较大破坏，但是依旧保持不倒；③综合来看，钢筋网格的加固作用基本可以满足"小震不坏，大震不倒"的基本抗震设防目标。

(4)本章提出了关于当地碉房的加固建议：对于钢筋网格加固，分布方式建议采用十字分布，钢筋间距控制在 400～500mm，钢筋直径建议控制在 8～10mm。

第6章 川西藏羌民居改性生土材料试验及本构关系研究

本章研究内容：①对阿坝州理县进行实地考察，通过观察当地藏羌民居修筑的地理位置、建筑特点，归纳出建筑结构的病害类型及原因，接着对当地修筑寨子的生土进行取样，然后通过查阅资料，选择适合川西地区生土的改性材料。②为了改善川西地区生土的力学性能，本章利用秸秆、淀粉、水泥、环氧树脂单因素改良川西地区生土，通过单轴立方体抗压试验以及直剪试验，探究不同材料及不同掺量对生土力学性能的影响程度与规律，综合对比分析试块的抗压强度、抗剪强度、黏聚力及内摩擦角。③针对生土的耐久性，采用同样的改性材料，通过抗冲刷试验、浸水试验以及浸水抗压试验，探究不同材料及不同掺量对生土耐久性的影响程度与规律，综合对比分析试块的冲刷系数、崩解速率以及抗压强度损失率。④将改性生土材料试块进行电镜扫描，对电镜扫描的图片进行定向分析，描述各个材料的改性机理，接着运用 PCAS 系统对电镜扫描的图片进行处理，得到孔隙度、面积、周长、形状系数、概率熵以及分形维数等几何参数，从定量的角度分析每种改性材料对生土的影响。⑤参考既有的生土基材料的本构关系模型，对其进行对比分析，结合此次单轴抗压试验得到的应力-应变曲线，通过数据拟合的方法，建立符合川西地区生土材料特点的本构关系模型。

6.1 川西藏羌民居病害类型及改性材料介绍

6.1.1 川西藏羌民居的病害类型及震害现象

目前川西藏羌民居大多为石砌体结构，建筑材料主要是生土和片石，石材和生土都是就近取材。但是由于生土的黏结能力差，时间久了会大片脱落，制约居民居住质量的提升。四川盆地湿气重、雾多，一年中阴雨天居多。根据现场调研发现，当地建筑主要的病害类型为墙体干缩裂缝、墙体的表层土体脱落、墙体坍塌、墙体与木结构连接处开裂、墙体局部承压开裂、墙体不均匀沉降（图 6.1）（李云鹏，2019）。川西地区地震频发，近十年经历过 3 次 7.0 级以上的地震，使得当地的建筑存在着不同程度的损害，对居民生产生活活动及少数民族民居建筑的保护工作造成了严重的影响。根据调查，当地地震后房屋主要的震害现象为窗下墙体垮塌、二层全部倒塌、女儿墙塌落以及屋盖坍塌（图 6.2）（李碧雄等，2021）。

　　造成这一系列病害和震害现象的原因有房屋建造不规范，墙体承载力低，黏结材料生土的力学性能低，在地震作用下容易脱落，并且生土遇到水的侵蚀浸泡就会崩解坍塌，受冻融和风的侵蚀影响，从而影响整个建筑的稳定性以及使用寿命。因此，对川西地区改性生土材料的力学性能、耐久性以及本构关系模型的研究至关重要。

(a) 墙体干缩裂缝

(b) 墙体的表层土体脱落

(c) 墙体坍塌

(d) 墙体与木结构连接处开裂

(e) 墙体局部承压开裂

(f) 墙体不均匀沉降

图 6.1　墙体的病害

(a) 窗下墙体垮塌

(b) 二层全部倒塌

(c) 女儿墙塌落

(d) 屋盖坍塌

图 6.2　房屋震害

6.1.2　改性材料的选择

生土墙的加固方法很多，改性材料多样，不同改性材料的改性机理也不一样。一般需要根据当地的气候环境、生土材料的性质、改性材料在改性过程中的产物以及作用机理来选择改性材料。根据改性机理、改性物的组成与结构的不同，改性材料可以分为两大类，一类是物理改性材料，一类是化学改性材料。物理改性材料主要有生物淀粉、糯米、蔗糖、植物根茎、减水剂等。化学改性材料主要有熟石灰、脱硫石膏、水泥、粉煤灰、矿渣、水玻璃等。

秸秆在我国农村地区产量大，现在对其的处理方式大多并不符合环保要求(Lai et al.，2022)。为了对其进行回收利用，本章将其作为一种改性材料。淀粉作为天然可再生资源，价格低，具有黏结性、成膜性和可降解性，在众多领域得到了利用(Costa et al.，2021)。所以，淀粉也被选为本章的改性材料。环氧树脂具有较好的化学性能和耐腐蚀性能，多被用于一些古建筑的修复，但很少用于生土材料的改良，本章选择环氧树脂作为一种改良材料(Krzywinski et al.，2021)。经过对桃坪羌寨的考察发现，近几年修筑的寨子已经用水泥完全替代了生土，使羌寨自身的风格被破坏。本章为了探究一种合适的水泥掺量，使水泥在提高生土性能的同时不破坏其原来的风格，将水泥也选为此次研究的材料。

综上所述，本章选择秸秆、淀粉、水泥和环氧树脂作为改性材料。其中，秸秆的长度控制在 3～4cm，秸秆表面不光滑，具有较大的摩擦力。淀粉采用红薯淀粉，颜色呈白色，具优良的黏结性、成膜性、可降解性。水泥采用普通的硅酸盐水泥，其主要化学成分为

SiO_2、Al_2O_3、CaO、Fe_2O_3、MgO、SO_3、P_2O_5、Na_2O 等。环氧树脂型号为 E-51，固化剂为 T-31，按照 4：1 进行配比，化学性质稳定，黏附力强，收缩率低。

6.2　改性生土材料力学性能试验研究

从 6.1.1 节可知，川西地区藏羌民居墙体的病害主要是墙体裂缝、墙体的表层土体脱落、墙体坍塌等，主要的原因是当地生土的力学性能以及耐久性较差，从而导致在地震作用和雨水浸泡侵蚀时，整个建筑容易被破坏。

因此，本章为提高川西地区藏羌民居所用的生土材料的力学性能，向土体中分别加入秸秆、淀粉、环氧树脂、水泥。通过抗压和抗剪试验，记录试块在试验过程中的变化情况，根据试验数据分析试块的极限承载力，探讨不同的改性材料对生土试块的性能影响，为选择合理改性材料配比提供参考依据。

6.2.1　试块制作及材料配比

6.2.1.1　材料

试验原材料为生土，取自阿坝州理县桃坪羌寨附近的山上，试块制备前需要将土块锤成土颗粒，并将生土材料在空气中静置 1～2 天，以便生土颗粒通过标准 5mm 粗筛（图 6.3）。正式试验前，通过烘干法、击实试验、液塑限联合测定法以及 X 射线衍射得出生土的基本指标。土性为粉质黏土，主要包含石英、钠长石、高岭石、方解石和伊利石，其他基本物理指标见表 6.1、表 6.2 和图 6.4。选取的改性材料有秸秆、淀粉、水泥以及环氧树脂（图 6.5），材料配比见表 6.3。

图 6.3　羌寨生土

表 6.1　粒径分布

粒径	<0.075mm	0.075～0.25mm	0.25～0.5mm	0.5～1mm	1～2mm	>2mm
颗粒分布/%	72.56	2.64	2.85	4.67	6.30	10.98

表 6.2　生土基本物理性质指标

天然含水率/%	最优含水率/%	最大干密度/(g/cm³)	液限/%	塑限/%	塑性指数
1.82	19.47	1.68	29.27	18.67	10.60

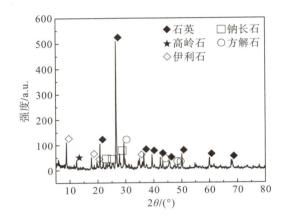

图 6.4　生土 XRD 图

注：XRD 为 X 射线衍射（X-ray diffraction）

(a) 秸秆

(b) 淀粉

(c) 水泥

(d) 环氧树脂

图 6.5　改性材料

表 6.3　改性材料配比

编号	材料	掺量/%
A	生土	100
B	秸秆	0.25、0.5、0.75、1
C	淀粉	1、3、5、7
D	水泥	2、5、8、11
E	环氧树脂	3、5、7、10

注：掺量为质量分数，后同。

6.2.1.2　试块制作

生土试块共计分为 17 组，分别是生土对照组（A 组）、0.25%秸秆（B1 组）、0.5%秸秆（B2 组）、0.75%秸秆（B3 组）、1%秸秆（B4 组）、1%淀粉（C1 组）、3%淀粉（C2 组）、5%淀粉（C3 组）、7%淀粉（C4 组）、2%水泥（D1 组）、5%水泥（D2 组）、8%水泥（D3 组）、11%水泥（D4 组）、3%环氧树脂（E1 组）、5%环氧树脂（E2 组）、7%环氧树脂（E3 组）、11%环氧树脂（E4 组）。根据《土工试验方法标准》（GB/T 50123—1999）、《普通混凝土力学性能试验方法标准》（GB 50081—2002)等规范，采用尺寸为 70.7mm×70.7mm×70.7mm 的模具制作立方体生土试块进行单轴立方体抗压试验，试块数量总计 102 个；采取用尺寸为直径 61.8mm、高度为 20mm 的环刀制作圆饼状生土试块进行直接剪切试验，试块数量总计为 68 个。试块制作完成后在自然状态下进行养护，养护时间为 28 天（图 6.6）。生土试块材料配比及编号见表 6.4，主要试验仪器及设备见表 6.5。

图 6.6　成型试样

表 6.4　生土试块材料配比及编号

材料	直剪试验	单轴抗压试验
生土	ZA	DA-1, DA-2, DA-3
生土+0.25%秸秆	ZB1	DB1-1, DB1-2, DB1-3
生土+0.5%秸秆	ZB2	DB2-1, DB2-2, DB2-3
生土+0.75%秸秆	ZB3	DB3-1, DB3-2, DB3-3
生土+1%秸秆	ZB4	DB4-1, DB4-2, DB4-3

续表

材料	直剪试验	单轴抗压试验
生土+1%淀粉	ZC1	DC1-1, DC1-2, DC1-3
生土+3%淀粉	ZC2	DC2-1, DC2-2, DC2-3
生土+5%淀粉	ZC3	DC3-1, DC3-2, DC3-3
生土+7%淀粉	ZC4	DC4-1, DC4-2, DC4-3
生土+2%水泥	ZD1	DD1-1, DD1-2, DD1-3
生土+5%水泥	ZD2	DD2-1, DD2-2, DD2-3
生土+8%水泥	ZD3	DD3-1, DD3-2, DD3-3
生土+11%水泥	ZD4	DD4-1, DD4-2, DD4-3
生土+3%环氧树脂	ZE1	DE1-1, DE1-2, DE1-3
生土+5%环氧树脂	ZE2	DE2-1, DE2-2, DE2-3
生土+7%环氧树脂	ZE3	DE3-1, DE3-2, DE3-3
生土+10%环氧树脂	ZE4	DE4-1, DE4-2, DE4-3

表 6.5　主要试验仪器及设备

仪器	型号
筛分器	5mm
电子秤	YP3002N
试块模具	70.7mm×70.7mm×70.7mm
振动台	ZD/LX-PTP
压力试验机	WHY-1000
四联等应变直剪仪	DJY-4L
扫描电子显微镜	S-3000N

6.2.2　改性生土单轴抗压试验

抗压强度已经成为衡量一种材料质量的基本数值，也是加固和修复川西地区藏羌少数民族民居的主要评价指标，且能反映生土材料的变形能力、弹性模量等。按照规范进行试验，观察改性生土试块的破坏过程及破坏形式。通过试验数据，分析不同材料试块的破坏机理以及改性材料掺量的变化对试块抗压强度的影响。通过应力-应变曲线分析改性生土试块的变形性能。

6.2.2.1　试验准备阶段

本试验设置的对照组分别为生土（A 组）、0.25%秸秆（B1 组）、0.5%秸秆（B2 组）、0.75%秸秆（B3 组）、1%秸秆（B4 组）、1%淀粉（C1 组）、3%淀粉（C2 组）、5%淀粉（C3 组）、7%淀粉（C4 组）、2%水泥（D1 组）、5%水泥（D2 组）、8%水泥（D3 组）、11%水泥（D4 组）、3%环氧树脂（E1 组）、5%环氧树脂（E2 组）、7%环氧树脂（E3 组）、11%环氧树脂（E4 组）。

每组生土试块 3 个，共计 51 个，制作完成后的生土试块在自然条件下养护 28 天。试验编号见表 6.4。试验仪器采用微机控制压力试验机(图 6.7)。

图 6.7　微机控制压力试验机

6.2.2.2　试验过程与现象

试验采用 WHY-1000 压力机试验，选择应力控制加载速率，为 0.5MPa/s。试验开始前需记录每个试块的受压面尺寸，并预压三次来保证设备正常工作。试验开始后，将试块放在载物台中间与压头对中，调整压头与试块轻微接触后开始加载，当试块完全破坏时停止加压。

根据试验现象可以看出，压裂前试块平稳地放在加载台上[图 6.8(a)]。当加载开始时，裂缝仅在试块四周和表面等薄弱地带出现，并未贯通整个试块[图 6.8(b)]。试验后期，随着荷载加大，裂缝迅速变宽，发展成通缝，四周表皮脱落严重，出现"漏斗型"裂纹[图 6.8(c)]。最终，试块失去承载力而完全破坏。

图 6.9 为生土试块和改性试块的破坏图。改性前的生土试块破坏时，裂缝多，且裂痕较深，土块脱落严重[图 6.9(a)]。加入秸秆后，试块的裂缝也多，但是由于秸秆对土体的拉结作用，土块脱落较少[图 6.9(b)]。加入淀粉后，试块上的裂缝较浅，贯通的裂缝较少[图 6.9(c)]。加入水泥和环氧树脂后，试块的裂缝明显减少，且都分布在试块的边缘[图 6.9(d)和图 6.9(e)]。

(a) 压裂前期

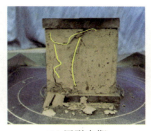
(b) 压裂中期

(c) 压裂后期

图 6.8　立方体抗压破坏形态

(a) 生土试块　　　　　　　　　　　　　(b) 加秸秆试块

(c) 加淀粉试块　　　　　(d) 加水泥试块　　　　　(e) 加环氧树脂试块

图 6.9　改性前后试块的破坏

6.2.2.3　试验结果分析

断裂能是反应材料相互作用时韧性的重要指标,用来表示材料在破坏过程中消耗的总能量。断裂能等于应力-应变曲线所包含的面积,材料的拉伸强度和延性与断裂能成正比。本章将断裂能的大小看作原点、抗压强度与对应的位移三点围成的三角形的面积。

表 6.6 为试块的抗压强度数据。图 6.10 展示了抗压强度和断裂能随改性材料及掺量变化的规律。

表 6.6　抗压强度

材料	强度/MPa	均值/MPa	提升率/%	材料	强度/MPa	均值/MPa	提升率/%
生土	1.02			水泥 2%	1.59		
	1.23	1.18	0.00		1.30	1.38	16.95
	1.29				1.25		
秸秆 0.25%	1.25			水泥 5%	1.72		
	1.16	1.21	2.26		1.64	1.60	35.88
	1.21				1.45		
秸秆 0.5%	1.35			水泥 8%	2.04		
	1.46	1.40	18.64		1.86	1.90	60.73
	1.40				1.79		
秸秆 0.75%	1.03			水泥 11%	2.34		
	1.11	1.09	−7.63		2.55	2.43	105.93
	1.14				2.41		
秸秆 1%	0.88			环氧树脂 3%	1.33		
	0.96	0.91	−22.88		1.36	1.37	16.10
	0.90				1.42		

续表

材料	强度/MPa	均值/MPa	提升率/%	材料	强度/MPa	均值/MPa	提升率/%
淀粉 1%	1.32 1.31 1.38	1.34	13.56	环氧树脂 5%	1.50 1.56 1.59	1.55	31.36
淀粉 3%	1.42 1.31 1.48	1.41	19.49	环氧树脂 7%	1.84 1.88 1.80	1.84	55.93
淀粉 5%	1.44 1.39 1.51	1.45	22.88	环氧树脂 10%	1.76 1.83 1.86	1.82	53.95
淀粉 7%	1.34 1.39 1.31	1.35	14.41				

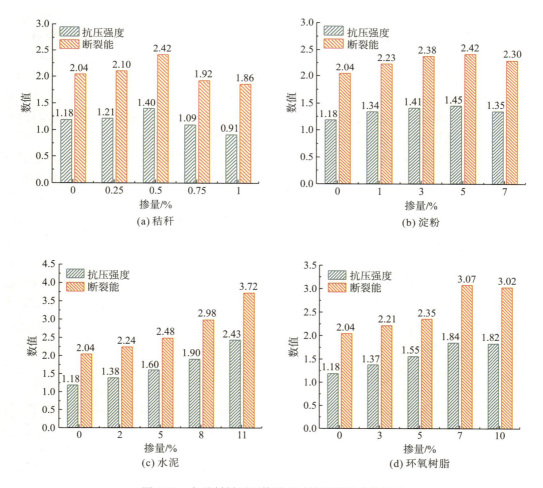

图 6.10　各种材料不同掺量对试块抗压能力的影响

　　其中，表 6.6 和图 6.10(a)表示不同秸秆掺量对应的生土抗压强度和断裂能，试块的抗压强度和断裂能随着秸秆掺量的不断增加而呈现先增加后减少的趋势。当掺量为 0.5%时，达到峰值，抗压强度为 1.4MPa，断裂能为 2.42N/m，相比生土试块分别提高了 18.64%和 18.63%。这是因为秸秆表面粗糙，对土体起到一定的拉结作用，使土体黏结更紧密。秸秆掺量超过 0.5%时，试块的抗压强度和断裂能逐渐下降，甚至对改善生土强度出现了副作用。秸秆内部呈中空状，当掺量过高时，孔隙贯穿试块内部，使试块的薄弱区增加，导致试块抗压强度降低。因此，对于试块抗压能力的改善，秸秆掺量建议控制在 0.5%。

　　表 6.6 和图 6.10(b)为不同淀粉掺量对应的生土抗压强度和断裂能，随着淀粉掺量的增加，试块的抗压强度和断裂能先增加后减少。当掺量为 5%时，抗压强度和断裂能达到峰值，分别为 1.45MPa，断裂能为 2.42N/m，相比生土试块提高了 22.88%和 18.63%。淀粉具有一定的胶凝作用，可以使土颗粒黏结更紧密，所以加入适量的淀粉可以增强土体的抗压强度。淀粉掺量超过 5%时，试块的抗压强度和断裂能随掺量的增加而逐渐降低。当淀粉掺量过高时，淀粉会自身黏结成团，试块内的淀粉团在外力作用下易碎，所以其对抗压能力的改善效果降低。因此，淀粉对生土试块抗压能力的改善，掺量建议控制在 5%。

　　表 6.6 和图 6.10(c)为不同水泥掺量对应的生土抗压强度和断裂能。随着水泥掺量的增加，试块的抗压强度和断裂能不断增加。在水泥掺量为 2%、5%、8%和 11%时，试块的抗压强度分别为 1.38MPa、1.6MPa、1.9MPa 和 2.43MPa，断裂能分别为 2.24N/m、2.48N/m、2.98N/m 和 3.72N/m，相比纯生土试块提高了 16.95%～105.93%和 9.80%～82.35%。原因是水泥的水化产物和水解产物在试块中形成新的骨架，对土体内的孔隙起到一定的填充作用，使试块的抗压强度增强。根据《砌体结构设计规范》(GB 50003—2011)，毛石砌体砂浆强度标准为 0.86MPa 乘以安全系数 1.77，即水泥掺量为 5%时对应的 1.6MPa 抗压强度值已符合当地的强度要求。不同水泥掺量需要的成本是在不断增加的，结合当前水泥的市场价，综合考虑这两个指标，水泥对生土试块抗压能力的改善，掺量建议控制在 5%。

　　表 6.6 和图 6.10(d)为不同环氧树脂掺量对应的生土抗压强度和断裂能，随着环氧树脂掺量的增加，试块的抗压强度和断裂能先增加随后逐渐趋于稳定。环氧树脂掺量为 7%时，试块的抗压强度为 1.84MPa，断裂能为 3.07N/m，相比生土增长了 55.93%和 50.49%；当掺量超过 7%时，抗压强度及断裂能逐渐趋于稳定不再有明显提升。环氧树脂在改性过程发生了交联反应，生成的三维网状结构将土体包裹在其中，使土体内部连接更紧密。当掺量超过 7%时，试块内部的孔隙已经很少，且土体已被很好地包裹，对抗压强度的改性效果增幅不大。因此，环氧树脂对于试块抗压能力的改善，掺量建议控制在 7%。

6.2.2.4　应力-应变曲线变化及结论

　　微机控制压力试验机采集的数据是按照时间和对应的位移、荷载保存在计算机中，为了获得试块的应力-应变曲线，需要对采集的数据进行处理。

　　根据上述分析，各种改性材料的最优掺量为：0.5%的秸秆、5%的淀粉、5%的水泥以及 7%的环氧树脂。图 6.11 为最优掺量下试块的应力-应变曲线。如图所示，试块的峰值应变大多处于 0.0303～0.0352，改性材料可提高试块的抗压强度，但对峰值应变的影响不大，可改善其离散性，说明改性后的生土匀质性较好。

由图 6.11 可知，生土材料应力-应变曲线与其他建筑材料不同，上升段有两个过程。上升段初期会出现下凹段，后期转变为一般建筑材料曲线常见的上凸段，即上升段曲线斜率先上升后下降。分析其原因，应是由于试块在养护过程中会失去大量水分，产生大量孔隙。在加载过程中，试块被逐渐压实，随着孔隙的减少，产生相同变形所需要的压力增大，使曲线上升段初期的斜率加速增长。后期，试块内的孔隙基本填满，荷载上升较快，试块出现裂缝，变形加快，荷载达到极限便不再上升，该过程与混凝土、烧结砖的加载曲线类似。

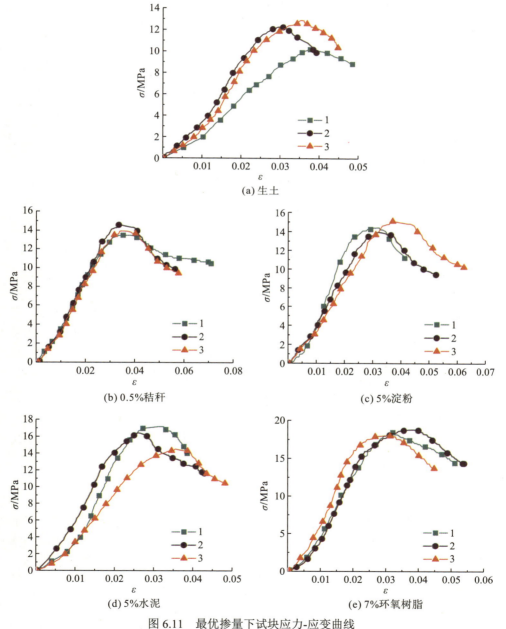

图 6.11　最优掺量下试块应力-应变曲线

注：1、2、3 表示该组试块编号，因为每组试验做了 3 个试块。

综合分析试验结果以及现有生土材料本构关系，可得到生土材料单轴压缩典型应力-应变曲线，如图 6.12 所示。曲线上 1、2、3、4 四点均有明确的物理意义，1 点为试块刚出现微小裂缝的点；2 点为试块出现较大裂纹的点；3 点为试块到达峰值强度的点；4 点代表着试验结束。试块从受压到破坏，主要分为四个阶段：压密阶段（$\varepsilon \leqslant \varepsilon_1$）、弹性增长阶段（$\varepsilon_1 \leqslant \varepsilon \leqslant \varepsilon_2$）、屈服阶段（$\varepsilon_2 \leqslant \varepsilon \leqslant \varepsilon_3$）、破坏阶段（$\varepsilon_3 \leqslant \varepsilon \leqslant \varepsilon_4$）。压密阶段曲线斜率不断增加，呈下凹状。弹性增长阶段曲线斜率几乎不变，呈线性变化。屈服阶段曲线斜率减小，在峰值点处斜率为 0。当应变到达峰值点后的过程为破坏阶段。

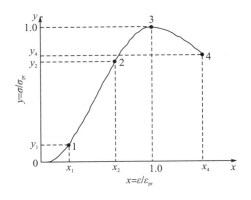

图 6.12   生土材料单轴压缩典型应力-应变曲线

6.2.3   改性生土直剪试验

川西藏羌民居没有规范的设计，生土材料存在缺陷。因此，生土墙承载力低，在荷载的作用下墙体所受的主拉力容易超越极限抗拉强度，土体将会产生滑移，导致墙体发生剪切破坏，失去稳定性。四川属于地震频发地区，严重制约着川西藏羌民居的发展，极大地威胁着该地区建筑的稳定性以及人民的生命财产安全。为了更好地研究改性材料对川西地区生土的力学性能影响，通过直剪试验，测定改性前后生土试块的抗剪强度，分析试验得出的数据，观察生土试块在试验过程中的破坏形态，得出试块的黏聚力和内摩擦角。根据试验结果，分析不同改性材料对生土的抗剪性能以及结构的影响，为研究出适用于川西地区生土的改性材料提供参考依据。

6.2.3.1   试验准备阶段

抗剪试验的试块所用的改性材料以及配比与抗压试验一样，试块由环刀制作，试验中设置的对照组分别为生土（A 组）、0.25%秸秆（B1 组）、0.5%秸秆（B2 组）、0.75%秸秆（B3 组）、1%秸秆（B4 组）、1%淀粉（C1 组）、3%淀粉（C2 组）、5%淀粉（C3 组）、7%淀粉（C4 组）、2%水泥（D1 组）、5%水泥（D2 组）、8%水泥（D3 组）、11%水泥（D4 组）、3%环氧树脂（E1 组）、5%环氧树脂（E2 组）、7%环氧树脂（E3 组）、11%环氧树脂（E4 组）。每组生土试块 4 个，共计 68 个，制作完成后的生土试块在自然条件下养护 28 天。具体试验编号见表 6.4。

6.2.3.2　试验过程与现象

直剪试验所用的设备为四联等应变直剪仪(图 6.13)，试验采用环刀所制的试块。试验开始前，将剪切速率设定为 0.8mm/min，垂直压力选择 100kPa、200kPa、300kPa 和 400kPa；接着在剪切盒内部涂满凡士林，使试块能完整地放入盒内；再将剪切盒上下对齐后插入钉销，在盒底放入一张透水纸，放入试块，在试块表面覆盖一张透水纸和透水板；最后拔去销钉，开始剪切。在剪切过程中，试块沿着剪切盒水平方向发生剪切破坏，产生位移(图 6.14)。

图 6.13　四联等应变直剪仪

图 6.14　试块发生剪切破坏

6.2.3.3　试验结果与分析

1. 抗剪强度指标分析

表 6.7～表 6.10 为不同材料掺量试块的剪切强度变化。图 6.15 为试块的垂直压力与抗剪强度的关系曲线，通过拟合，得到试块的抗剪强度指标(图 6.16)。

表 6.7　掺加秸秆抗剪强度

垂直压力/kPa	抗剪强度/kPa				
	生土	0.25%秸秆	0.5%秸秆	0.75%秸秆	1%秸秆
100	65.00	65.00	76.80	65.00	59.36
200	103.01	113.00	123.69	112.90	102.25
300	156.80	145.70	176.60	164.90	159.60
400	191.90	197.90	225.40	196.35	180.15

表 6.8　掺加淀粉抗剪强度

垂直压力/kPa	抗剪强度/kPa				
	生土	1%淀粉	3%淀粉	5%淀粉	7%淀粉
100	65.00	71.00	64.60	72.90	76.00
200	103.01	118.50	121.20	141.50	117.20
300	156.80	165.70	157.20	184.40	169.80
400	191.90	197.80	195.10	210.80	209.90

表 6.9　掺加水泥抗剪强度

垂直压力/kPa	抗剪强度/kPa				
	生土	2%水泥	5%水泥	8%水泥	11%水泥
100	65.00	74.40	108.20	138.30	152.70
200	103.01	142.80	157.10	196.00	227.50
300	156.80	193.30	253.10	278.40	318.00
400	191.90	227.64	301.40	387.46	414.07

表 6.10　掺加环氧树脂抗剪强度

垂直压力/kPa	抗剪强度/kPa				
	生土	3%环氧树脂	5%环氧树脂	7%环氧树脂	10%环氧树脂
100	65.00	68.00	76.60	74.50	75.20
200	103.01	120.30	132.60	155.60	135.50
300	156.80	183.50	182.80	202.60	169.80
400	191.90	204.80	226.00	233.60	224.20

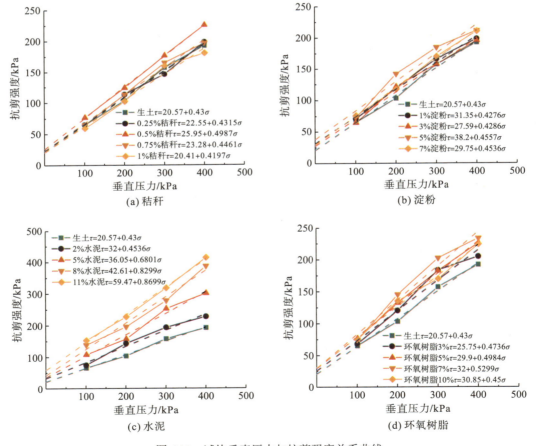

图 6.15　试块垂直压力与抗剪强度关系曲线

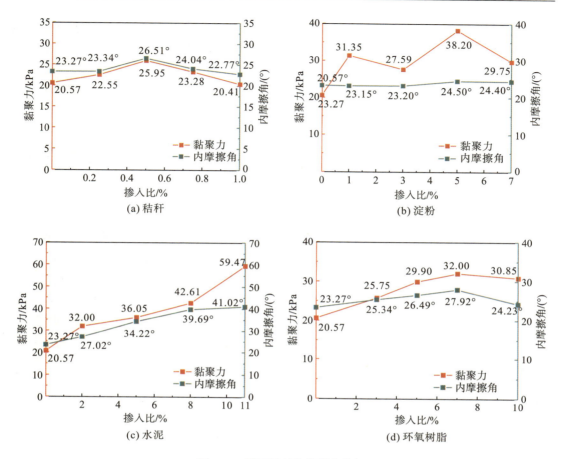

图 6.16 不同材料抗剪强度指标

如表 6.7 所示，当秸秆掺量为 0.5%时，试块的抗剪强度达到峰值。在不同垂直压力下，其对应的抗剪强度分别为 76.80kPa、123.69kPa、176.60kPa 和 225.40kPa，相比纯生土试块，增加了 12.63%～20.08%。如图 6.16(a) 所示，试块的抗剪强度指标随着秸秆掺量的增加而变化，当掺量为 0.5%时，试块的黏聚力和内摩擦角均达到峰值，分别为 25.95kPa 和 26.51°，相比纯生土试块增加了 26.15%和 13.92%。这是由于秸秆的拉结作用，使试块的黏聚力增大；秸秆表面呈不规则凹槽，增加了土体与材料之间的咬合力，使土体的内摩擦角提高。当秸秆掺量大于 0.5%时，试块的抗剪强度指标均下降。这是因为秸秆内部中空，当掺量过高时，秸秆内部的孔隙在试块中贯通，增加了试块内部的薄弱点，最终导致试块的抗剪强度、黏聚力以及内摩擦角降低，所以秸秆掺量建议控制在 0.5%。

如表 6.8 所示，当淀粉掺量为 5%时，试块的抗剪强度达到峰值。在不同垂直压力下，其对应的抗剪强度分别为 72.90kPa、141.50kPa、184.40kPa 和 210.80kPa，相比纯生土试块，增加了 9.85%～37.37%。如图 6.16(b) 所示，试块的抗剪强度指标随着秸秆掺量的增加呈先增加后减少的趋势，当掺量为 5%时，试块的黏聚力和内摩擦角均达到峰值，分别为 38.20kPa 和 24.50°，相比纯生土试块增加了 85.71%和 5.29%。这是由于淀粉的胶凝作用使土体可以更好地黏结在一起，从而增强了试块的黏聚力和内摩擦角。当掺量过高时，试块的抗剪强度指标呈下降趋势。这是因为当淀粉含量过多时，淀粉自身容易结团，这些淀粉团增加了试块内部的薄弱区，且土体不能被足够的淀粉包裹，从而导致试块的抗剪强度、黏聚力以及内摩擦角降低。所以淀粉掺量建议控制在 5%。

　　如表 6.9 所示，随着水泥掺量的增加，试块的抗剪强度也在不断增大。当垂直压力为 400kPa 时，不同水泥掺量对应的抗剪强度分别为 227.64kPa、301.40kPa、387.46kPa 和 414.07kPa，相比纯生土试块，增大了 18.62%～115.77%。如图 6.16(c)所示，水泥掺量越高,试块的抗剪强度指标越高。不同水泥掺量对应的黏聚力为 32.00kPa、36.05kPa、42.61kPa 和 59.47kPa，相比生土试块增加了 55.57%～189.11%。不同水泥掺量对应的内摩擦角为 27.02°、34.22°、39.69°和 41.02°，相比生土试块增加了 16.12%～76.28%。原因是生土掺入水泥后，细小的水泥颗粒及水化产物起到了明显的填充效果，减少了孔隙数量；另外，水泥水化产生水硬性胶凝产物，增加了松散的生土颗粒间的黏聚力，从而提高了试样的抗剪强度。据考察理县桃坪羌寨的情况，发现近几年新修的寨子已经完全用水泥代替了生土，破坏了羌寨本身的风格。有学者表明，当水泥掺量为 11%时，生土材料已足够稳定(蔺广涵和叶洪东，2018；Kim et al.，2008)，且根据《砌体结构设计规范》(GB 50003－2011)，石砌体砂浆的抗剪强度标准为 170kPa，根据当地施工经验乘以安全系数 1.77，300.9kPa 已经符合当地的强度要求。当水泥掺量为 5%时，抗剪强度为 301.4kPa，已经超过了标准要求。不同水泥掺量需要的成本是不断增加的(图 6.17)，结合当前水泥的市场价，综合考虑这两个指标，对于试块的抗剪能力，水泥掺量建议控制在 5%。

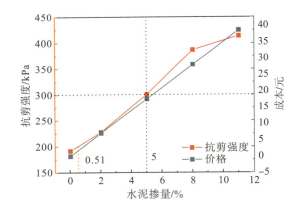

图 6.17　抗剪强度和成本对水泥掺量的影响

　　如表 6.10 所示，抗剪强度随着环氧树脂掺量增加呈先增大后减小的趋势，当掺量为 7%时，达到峰值。在不同垂直压力下，其对应的抗剪强度分别为 74.5kPa、155.6kPa、202.6kPa 和 233.6kPa，其增幅为 14.62%～51.05%。如图 6.16(d)所示，试块的黏聚力和内摩擦角走向一致，当掺量为 7%时达到峰值，分别为 32kPa 和 27.92°，两个指标的增幅分别为 55.57%和 19.98%。由于环氧树脂在改性过程中形成的三维网状结构将土体包裹在其中，使土体内部连接更紧密，且该网状结构会增大颗粒之间的表面摩擦力与咬合力，所以随着环氧树脂掺量的增加，土体的黏聚力和内摩擦角变大。当掺量为 7%时，试块内部的孔隙已经很少，且土体已被很好地包裹。所以当掺量再增加时，各抗剪强度指标变化不大了。因此环氧树脂的掺量建议控制在 7%。

2. 剪应力-剪切位移曲线分析

为了分析试样各个阶段的变形特征，取各种材料抗剪强度最大的试块，画出 0.5%秸秆、5%淀粉、11%水泥以及 7%环氧树脂的剪应力-剪切位移曲线。根据剪切应力与剪切位移关系曲线的变化规律，大致可以分为 3 个主要阶段（Ⅰ～Ⅲ）：弹性变形段、塑性变形段、剪切破坏段(樊恒辉等，2006)。弹性变形段，剪切应力增长速度较快，剪应力-剪切位移曲线近似呈线性关系，此时试块主要为近似弹性变形，该段曲线末端对应的剪切应力为比例强度 τ_e。塑性变形段，剪应力增长较缓慢，该段曲线末端对应的剪切应力为抗剪强度 τ_f。剪切破坏阶段，剪切应力增大至某一值后，当剪切位移越来越大，剪切应力会维持在一个相对稳定的值或者降低，最终达到一个残余剪切强度 τ_p。本章将剪应力与剪切位移关系曲线上近似呈线性增长的末端定为第一阶段末端，土工试验数据采集系统装置上显示的抗剪强度所对应的点定为第二阶段末端。弹性阶段和塑性阶段末端对应的剪切位移如表 6.11 所示。

表 6.11　各阶段末端的剪切位移

	第一阶段末剪切位移/mm				第二阶段末剪切位移/mm				平均弹性变形量/mm	平均塑性变形量/mm
	100kPa	200kPa	300kPa	400kPa	100kPa	200kPa	300kPa	400kPa		
生土	1.17	1.06	1.66	2.19	3.90	4.01	4.00	3.93	1.52	2.44
0.5%秸秆	0.51	0.65	0.72	0.78	3.94	4.08	3.81	3.94	0.67	3.28
5%淀粉	1.44	1.30	1.61	2.15	3.83	3.95	3.93	3.96	1.63	2.29
11%水泥	0.41	1.02	0.87	1.41	2.19	2.00	2.07	2.01	0.93	1.14
7%环氧树脂	1.07	1.26	1.62	2.25	3.96	4.28	4.24	4.00	1.55	2.57

图 6.18 为生土的剪应力-剪切位移曲线，曲线呈应变硬化型。从图 6.18 和表 6.11 中可

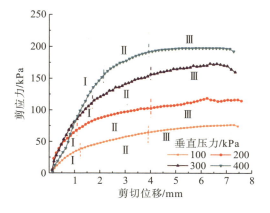

图 6.18　生土剪应力-剪切位移曲线

知，生土试块在不同垂直压力下所经历的弹性变形阶段在剪切位移为 1.17mm、1.06mm、1.66mm 和 2.19mm 时结束，塑性变形阶段在 3.9mm、4.01mm、4mm 和 3.93mm 时结束。将不同垂直压力下的弹性变形量和塑性变形量取平均值，可知生土试块对应的弹性变形量为 1.52mm，塑性变形量为 2.44mm。

图 6.19 为不同材料改良后试块的剪应力-剪切位移曲线。由图可知，加入 0.5%秸秆、5%淀粉、7%环氧树脂的曲线与生土曲线一样呈应变硬化型。图 6.19(c) 为经过水泥处理后试块的强度特征曲线，呈应变软化型，表明该剪切破坏呈脆性特征，有明显的峰值，超过峰值后，随剪切位移的增加剪应力逐步降低，保留了较高的残余强度，强度增强效果明显。

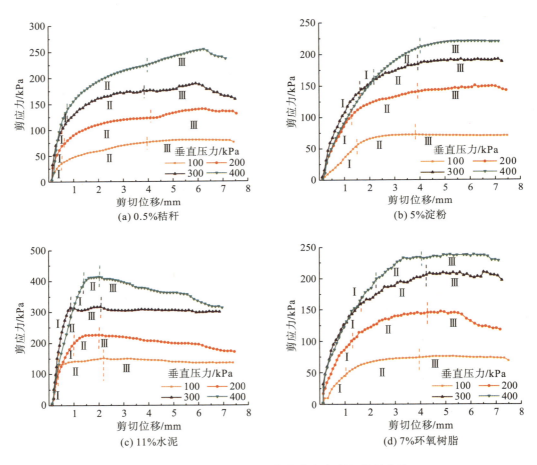

图 6.19　不同材料改良后试块的剪应力-剪切位移曲线

表 6.11 为各阶段末端对应的剪切位移。由表可知，加了 0.5%秸秆的试块在不同垂直压力下的平均弹性变形量为 0.67mm，比生土试块减少了 55.92%，平均塑性变形量为 3.28mm，比生土试块增加了 34.43%。加了 5%淀粉的试块在不同垂直压力下的平均弹性变形量为 1.63mm，比生土试块增加了 7.24%，平均塑性变形量为 2.29mm，比生土试块减

少了 6.15%。加了 11%水泥的试块在不同垂直压力下的平均弹性变形量为 0.93mm，比生土试块减少了 38.82%，平均塑性变形量为 1.14mm，比生土试块减少了 53.28%。加了 7%环氧树脂的试块在不同垂直压力下的平均弹性变形量为 1.55mm，比生土试块增加了 1.97%，平均塑性变形量为 2.57mm，比生土试块增加了 5.33%。

6.3 改性生土材料耐久性能试验研究

6.2 节通过抗压试验和直剪试验，分析了 4 种改性材料对川西地区生土力学性能的影响，得出每种材料对应的最优掺量。

本节在 6.2 节的基础上，用同样的改性材料来改善川西地区生土的耐久性。耐久性是指，在自身和外界条件下，材料能够维持自身特性的能力。生土材料的耐久性主要包括抗冲刷性、浸水性以及抗冻性。影响耐久性的主要因素有裂缝的产生、冻融破坏、水化反应、抗冻性等。本节对改性生土试块进行抗冲刷试验以及浸水试验，探究改性材料对羌寨生土耐久性能影响，为加固川西少数民族民居提供参考依据。

6.3.1 试块制作及材料配比

试块的制作过程与立方体抗压试验的试块一致。生土材料取自阿坝州理县桃坪羌寨附近的山上，为理县地区常见黄色土。生土试块分为 17 组，分别是生土（A 组）、0.25%秸秆（B1 组）、0.5%秸秆（B2 组）、0.75%秸秆（B3 组）、1%秸秆（B4 组）、1%淀粉（C1 组）、3%淀粉（C2 组）、5%淀粉（C3 组）、7%淀粉（C4 组）、2%水泥（D1 组）、5%水泥（D2 组）、8%水泥（D3 组）、11%水泥（D4 组）、3%环氧树脂（E1 组）、5%环氧树脂（E2 组）、7%环氧树脂（E3 组）、11%环氧树脂（E4 组）。试块制作和养护同抗压试验，试块总计 153 个。试验编号见表 6.12。

表 6.12 改性生土试块材料配比及试验编号

材料	浸水试验	浸水抗压试验	抗冲刷试验
生土	JA-1, JA-2, JA-3	JKA-1, JKA-2, JKA-3	KA-1, KA-2, KA-3
生土+0.25%秸秆	JB1-1, JB1-2, JB1-3	JKB1-1, JKB1-2, JKB1-3	KB1-1, KB1-2, KB1-3
生土+0.5%秸秆	JB2-1, JB2-2, JB2-3	JKB2-1, JKB2-2, JKB2-3	KB2-1, KB2-2, KB2-3
生土+0.75%秸秆	JB3-1, JB3-2, JB3-3	JKB3-1, JKB3-2, JKB3-3	KB3-1, KB3-2, KB3-3
生土+1%秸秆	JB4-1, JB4-2, JB4-3	JKB4-1, JKB4-2, JKB4-3	KB4-1, KB4-2, KB4-3
生土+1%淀粉	JC1-1, JC1-2, JC1-3	JKC1-1, JKC1-2, JKC1-3	KC1-1, KC1-2, KC1-3
生土+3%淀粉	JC2-1, JC2-2, JC2-3	JKC2-1, JKC2-2, JKC2-3	KC2-1, KC2-2, KC2-3
生土+5%淀粉	JC3-1, JC3-2, JC3-3	JKC3-1, JKC3-2, JKC3-3	KC3-1, KC3-2, KC3-3
生土+7%淀粉	JC4-1, JC4-2, JC4-3	JKC4-1, JKC4-2, JKC4-3	KC4-1, KC4-2, KC4-3
生土+2%水泥	JD1-1, JD1-2, JD1-3	JKD1-1, JKD1-2, JKD1-3	KD1-1, KD1-2, KD1-3

材料	浸水试验	浸水抗压试验	抗冲刷试验
生土+5%水泥	JD2-1, JD2-2, JD2-3	JKD2-1, JKD2-2, JKD2-3	KD2-1, KD2-2, KD2-3
生土+8%水泥	JD3-1, JD3-2, JD3-3	JKD3-1, JKD3-2, JKD3-3	KD3-1, KD3-2, KD3-3
生土+11%水泥	JD4-1, JD4-2, JD4-3	JKD4-1, JKD4-2, JKD4-3	KD4-1, KD4-2, KD4-3
生土+3%环氧树脂	JE1-1, JE1-2, JE1-3	JKE1-1, JKE1-2, JKE1-3	KE1-1, KE1-2, KE1-3
生土+5%环氧树脂	JE2-1, JE2-2, JE2-3	JKE2-1, JKE2-2, JKE2-3	KE2-1, KE2-2, KE2-3
生土+7%环氧树脂	JE3-1, JE3-2, JE3-3	JKE3-1, JKE3-2, JKE3-3	KE3-1, KE3-2, KE3-3
生土+10%环氧树脂	JE4-1, JE4-2, JE4-3	JKE4-1, JKE4-2, JKE4-3	KE4-1, KE4-2, KE4-3

6.3.2 抗冲刷试验

四川地区气候潮湿、降水量丰富，当地建筑因为常常遭受雨淋，墙体表面受到了侵蚀，从而使墙体出现阴沟、裂缝、表层土体脱落等现象。因此，在川西藏羌民居生土材料改性的研究中必须考虑雨水冲刷作用影响，以保证该地区民居的耐久性。

6.3.2.1 试验过程与方法

试验利用喷头、橡皮水管、压力计、自来水等组成一套喷淋装置（图 6.20）（郝传文，2011）。根据往年理县的降水量，抗冲刷试验模拟降雨的参数为：喷头至试块距离为 30cm；喷头喷嘴直径为 8cm，喷孔 52 个，直径为 1mm；水压为 0.05～0.07MPa。在喷头处安装压力计，调节水流，将水压控制在设计值范围内。将试块放在铁网上，测量好喷头到试块的距离。试验开始后，一人计时，一人观察记录试块表面的变化过程，每 10min 测量一次试块的尺寸变化。60min 时，计算试块的体积损失率，以此来判断改性生土试块的抗冲刷能力。

图 6.20　自制喷淋装置

6.3.2.2　试验结果与分析

对 17 组试块进行冲刷，每组分别测试 3 个试样，取其平均值作为终值。图 6.21 为各种材料试块冲刷过后的表观特征。掺有秸秆的试块冲刷过后，表面被破坏且有孔洞，秸秆暴露在外。掺有淀粉的试块冲刷过后，上表面有孔洞，边缘出现裂纹，四周土体出现脱落现象。掺有水泥的试块冲刷过后，上表面出现少许裂缝，边缘土体部分脱落。掺有环氧树脂的试块冲刷过后，上表面出现少许较浅的裂缝，试块整体较完整。

用冲刷时试块的体积损失来计算生土材料的冲刷系数，冲刷系数越大，抗冲刷能力越差；反之越好。公式为

$$\alpha_{si} = \frac{V_0 - V_t}{V_0} \times 100\% \tag{6.1}$$

式中，α_{si} 为冲刷系数；V_0 为原始体积；V_t 为 t 时刻对应的体积。

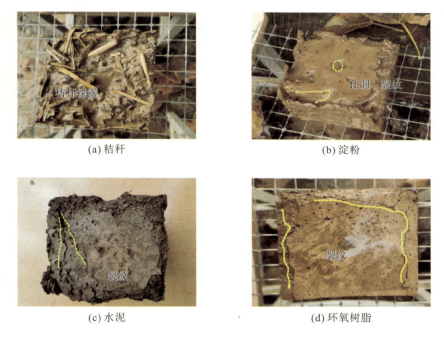

(a) 秸秆　　　　　　　　　　　　　　　　(b) 淀粉

(c) 水泥　　　　　　　　　　　　　　　　(d) 环氧树脂

图 6.21　冲刷后试块的表观特征

表 6.13 和表 6.14 为试验过程中试块的体积变化。根据式 (6.1) 计算出损失系数，结果如图 6.22 所示，根据表 6.13 和图 6.22 可知，在试验过程中，生土的冲刷损失最大，达到62.28%；随着秸秆掺量的增加，冲刷系数先减小后增大，秸秆掺量为 0.5% 时，冲刷系数最小，为 46.4%。主要原因是秸秆表面不光滑，对土体起到一定的拉结作用，当雨水冲刷试块时，秸秆对土的拉结使土体脱落得更缓慢，抗冲刷能力就越强，但是由于秸秆内部中空，当秸秆含量过多时，土体内部的孔隙就会越多，导致试块的抗冲刷能力反而下降。所以，对于试块的抗冲刷能力，建议秸秆掺量控制在 0.5%。

表 6.13 试块体积变化（生土、秸秆、淀粉）

材料	试块体积/cm³						
	0min	10min	20min	30min	40min	50min	60min
生土	856.43	703.92	541.20	482.80	423.30	361.80	301.23
	866.35	730.59	620.36	510.50	469.25	405.61	330.54
	889.23	752.42	682.23	554.23	482.36	410.25	354.10
0.25%秸秆	862.25	836.58	756.15	610.69	523.94	459.67	367.25
	861.94	824.98	749.36	635.12	569.25	465.42	372.56
	875.61	833.56	750.12	633.48	540.69	446.57	387.25
0.5%秸秆	901.05	881.36	831.26	751.24	641.20	532.51	475.21
	895.36	874.20	812.52	745.32	658.36	522.14	481.12
	915.36	865.36	805.15	741.20	662.13	541.94	497.25
0.75%秸秆	885.36	856.39	774.96	659.61	530.29	475.69	421.36
	871.37	850.35	782.69	653.26	564.28	471.54	405.85
	881.96	853.64	795.36	642.15	596.45	469.26	415.62
1%秸秆	837.61	776.15	598.75	495.12	424.05	402.78	367.20
	856.32	802.65	652.39	586.29	472.14	435.67	340.68
	845.36	795.69	612.95	541.97	463.56	433.26	346.12
1%淀粉	826.09	801.28	751.36	623.48	539.25	415.28	314.35
	831.25	810.36	742.95	645.21	596.25	420.10	325.69
	820.69	795.26	763.25	631.51	551.64	410.69	315.59
3%淀粉	883.73	853.69	721.36	651.25	532.42	459.36	381.12
	886.25	842.69	732.15	648.36	533.14	412.03	375.69
	865.39	836.42	725.15	652.16	521.25	423.69	385.26
5%淀粉	883.79	854.68	774.25	694.24	543.12	500.14	462.56
	869.25	832.54	751.24	700.21	632.59	562.84	442.17
	895.21	865.21	792.61	726.35	636.42	521.28	489.36
7%淀粉	889.30	850.13	755.21	675.21	553.26	461.25	413.75
	872.59	856.26	741.25	635.21	521.08	472.15	410.26
	878.36	840.21	724.54	664.42	520.69	493.29	425.36

表 6.14 试块体积变化（水泥、环氧树脂）

材料	试块体积/cm³						
	0min	10min	20min	30min	40min	50min	60min
2%水泥	920.22	827.03	729.73	652.26	603.95	531.12	390.76
	932.56	845.61	768.25	701.25	635.25	562.26	400.25
	915.56	835.56	756.35	695.26	615.25	552.25	412.25
5%水泥	958.57	945.03	922.10	887.48	658.42	599.02	544.65
	961.25	952.32	945.36	892.54	672.95	610.25	583.12
	950.68	935.24	910.58	762.25	635.48	596.37	568.78
8%水泥	958.57	950.82	945.01	936.37	894.88	851.95	728.91
	960.28	956.84	950.86	941.69	910.54	875.23	756.26
	982.69	967.45	962.68	942.41	925.63	872.81	762.49

续表

材料	试块体积/cm³						
	0min	10min	20min	30min	40min	50min	60min
11%水泥	960.50	944.99	926.84	928.76	916.44	892.13	862.79
	975.28	957.45	943.91	936.25	920.13	899.31	854.23
	954.65	940.12	921.56	915.69	892.54	883.69	849.26
3%环氧树脂	870.91	830.24	756.24	682.15	625.14	592.45	560.25
	865.45	825.14	745.21	665.48	621.35	584.47	542.69
	879.63	849.67	754.28	684.36	652.41	605.48	578.15
5%环氧树脂	877.35	843.15	802.56	756.14	694.25	662.54	623.54
	895.36	851.45	824.15	765.48	703.14	684.81	651.24
	886.15	835.96	809.58	756.25	705.14	695.19	662.15
7%环氧树脂	861.65	845.26	823.14	805.16	784.25	769.54	756.36
	884.12	872.15	843.26	825.14	809.15	795.36	785.25
	876.18	869.54	845.21	820.48	804.15	785.46	765.28
10%环氧树脂	885.66	870.56	862.15	835.48	815.64	798.48	784.96
	912.56	902.15	874.65	854.18	836.25	815.49	798.23
	905.64	889.56	864.28	839.68	815.49	805.74	795.14

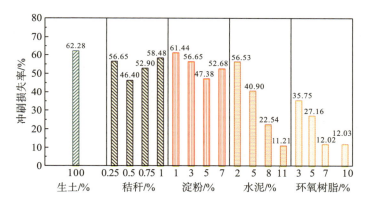

图 6.22　不同材料冲刷损失率

　　根据表 6.13 和图 6.22 可知，随着淀粉掺量的增加，冲刷系数依然是先减小后增大，当淀粉掺量为 5%时，冲刷系数达到最低，为 47.38%。这是因为淀粉遇水会膨胀，颗粒会黏结成膜，并有一定的胶凝作用，使土体连接紧密，一定程度上可以抵抗雨水的冲刷。但是当淀粉掺量过高时，淀粉自身成团，生土没有被足够的淀粉包裹，面对雨水的冲刷就容易脱落。所以，对于试块的抗冲刷能力，建议淀粉掺量控制在 5%。

　　根据表 6.14 和图 6.22 可知，随着水泥掺量的增加，冲刷系数逐渐减小。在不同水泥掺量下，试块的抗冲刷损失率分别为 56.53%、40.90%、22.54%和 11.21%，相比生土试块减小了 9.23%～82.00%。水泥作为改性材料的过程中会发生一系列的水化反应和水解反应，这些反应产物一起作用凝结形成生土骨架，填充土体孔隙，孔隙减少使土中的自由水和空气开始流动，一定程度上可以提升土体的耐水性，从而使试块的抗冲刷能力提高。根据 6.3 节秸秆和淀粉对试块抗冲刷能力影响的分析，当冲刷系数为 41%时，已经满足要求。根据 6.2.3 节水泥对试块抗剪强度影响的分析，结合试块的抗冲刷系数以及水泥成本，对于试块的抗冲刷能力，建议水泥掺量控制在 5%。

　　根据表 6.14 和图 6.22 可知，随着环氧树脂掺量的增加，冲刷系数逐渐减小，当掺量为 7%及以上，冲刷系数稳定在 12%左右。主要原因是环氧树脂与固化剂混合后发生交联反应，生成三维网状结构将土体包裹在其中，面对雨水的冲刷，土体很难脱落，使试块的抗冲刷能力增强。当掺量为 7%时，环氧树脂和生土已经充分地结合，所以当掺量再增加时，对生土抗冲刷能力的提高作用不再增大。因此，对于试块的抗冲刷能力，建议环氧树脂掺量控制在 7%。

6.3.3　浸水试验

　　生土材料自身耐水性差，遇水容易溶解，因此当生土建筑长期被水浸泡，稳定性就会变低。四川气候潮湿、常年多雨，该地区的生土建筑在雨季会长期浸泡在水里，生土墙内的土颗粒就会被侵蚀溶解，发生溃散。由于生土墙体自身有裂缝，雨水便会顺着这些裂缝渗入墙体内部，从而破坏生土建筑的稳定性与耐久性，使其容易倒塌。因此，研究生土材料的耐水性无论是对川西藏羌民居的修建或者加固都具有重要意义。通过观察试验过程中生土试块的破坏过程及破坏外观，计算试块的溶解速度，并将浸水后的试块进行抗压试验，探讨试块的耐水性以及浸水后试块的抗压强度变化。

6.3.3.1　试验过程与方法

　　试验采用 70.7mm×70.7mm×70.7mm 的立方体生土试块，一共 17 组，总计 102 个。试验开始前，记录各个试块的初始质量，将试块平稳放置在透明塑料桶内，以方便观察试验过程和数据记录。随后向桶内慢慢加水致使水能够完全淹没试块(15cm)，如图 6.23 所示。试验全程需计时并观察试块的浸泡状况，实时记录生土试块完全崩解的时间并计算出崩解速率。将浸水 1h 后的试块进行立方体抗压试验，得出浸水后的残余强度以及强度损失率。

图 6.23　浸水试验

6.3.3.2　试验结果与分析

1. 崩解速率分析

表 6.15 和表 6.16 记录了试块的浸泡时间、崩解速率以及试块的外观变化。图 6.24 为四种改性材料不同掺量对应的试块崩解速率变化图。

表 6.15　试块浸水试验数据（生土、秸秆、淀粉）

成分	试块质量/g	浸泡时间/min	崩解速率/(g/min)	试块外观变化
生土	1325	58	21.79	入水 5min 后有小气泡冒出，10min 后气泡变大，试块边角开始产生裂缝，四边有土体堆积
	1456	69		
	1293	60		
0.25%秸秆	1345	85	15.86	入水 5min 开始冒小气泡，边角逐渐出现裂纹，15min 底部有土体堆积，水面堆积泡沫
	1462	90		
	1459	94		
0.5%秸秆	1310	116	11.98	入水 8min 冒小气泡，15min 后四周裂缝有部分脱落，20min 土体堆积，30min 后土体脱落
	1324	105		
	1321	109		
0.75%秸秆	1305	86	14.84	入水 10min 冒小气泡，顶面四边出现裂纹，与掺量为 0.5%时一样，土体脱落速度先快后慢
	1310	90		
	1302	88		
1%秸秆	1275	65	18.04	入水 10min 冒小气泡，15min 出现大量裂纹，30min 土体脱落，且速度比前三组快
	1270	79		
	1279	68		
1%淀粉	1450	69	20.36	刚入水，试块表面附着小气泡，5min 陆续有气泡冒出，四周出现裂纹，20min 土体开始堆积
	1456	75		
	1452	70		
3%淀粉	1425	99	13.98	入水 5min 左右冒小气泡，10min 四周出现裂纹，20min 四个棱边开始掉土，25min 水面堆积气泡
	1436	102		
	1431	106		
5%淀粉	1465	129	11.39	入水 5min 冒气泡，10min 顶面边缘出现裂纹，25min 水面出现泡沫，30min 棱边掉土，35min 土体堆积
	1469	125		
	1463	132		
7%淀粉	1420	106	13.89	入水 5min 冒气泡，15min 出现裂纹，30min 棱边掉土，35min 土体堆积
	1432	104		
	1426	98		

表 6.16　试块浸水试验数据（水泥、环氧树脂）

成分	试块质量/g	浸泡时间/min	崩解速率/(g/min)	生土试块外观变化
2%水泥	1530	82	19.35	入水 5min 后，有小气泡，10min 后土体开始剥落，15min 试块周边有土体堆积，试块表面软烂
	1502	80		
	1496	72		

成分	试块质量/g	浸泡时间/min	崩解速率/(g/min)	生土试块外观变化
5%水泥	1545	125	12.81	入水 5min,试块出现裂纹,有小气泡冒出,15min 土体剥落,20min 出现大气泡,土体堆积
	1562	116		
	1556	123		
8%水泥	1560	175	9.28	入水 10min 出现裂纹,但裂纹很浅,20min 气泡变大,30min 四个角掉渣,50min 土体剥落
	1578	168		
	1569	164		
11%水泥	1550	243	6.22	入水 30min 有小气泡冒出,50min 气泡变大,试块小面积破坏,2.5h 表面出现大量剥落
	1559	259		
	1572	250		
3%环氧树脂	1452	189	7.96	入水 20min 后小气泡冒出,40min 后试块边缘有极少土体掉落,1.5h 顶面出现微小裂缝,2h 土体堆积
	1445	182		
	1450	175		
5%环氧树脂	1440	248	5.95	入水 30min 开始冒小气泡,2h 土体表层出现细小裂缝,土体开始脱落,后期有少量大气泡冒出
	1443	240		
	1445	239		
7%环氧树脂	1395	309	4.58	入水 30min 冒小气泡,2.5h 土体开始脱落,全程无大气泡冒出
	1390	300		
	1398	305		
10%环氧树脂	1365	296	4.69	入水 30min 冒小气泡,2.5h 土体开始脱落,全程无大气泡冒出
	1372	289		
	1370	290		

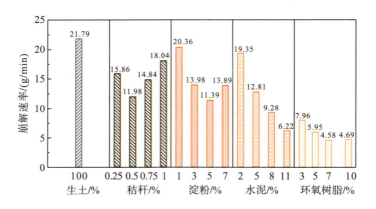

图 6.24　四种材料不同掺量对应的试块崩解速率变化图

由图 6.24 可以看出,当没加改性材料时,生土试块的崩解速率为 21.79g/min,随着秸秆掺量的增加,试块的崩解速率先减小后增加。当秸秆掺量为 0.5%时达到最低值,此时的崩解速率为 11.98g/min,相比生土试块减小了 45.02%。因此,对于试块的耐水性,建议秸秆掺量控制在 0.5%。

同时，由图 6.24 可以看出，随着淀粉掺量的增加，试块的崩解速率呈先减小后增大的趋势。当掺量为 5%时达到最低值，此时的崩解速率为 11.39g/min，相比生土试块减小了 47.73%。因此，对于试块的耐水性，建议淀粉掺量控制在 5%。随着水泥掺量的增加，试块的崩解速率逐渐减小。在掺量为 2%、5%、8%、11%时，试块的崩解速率分别为 19.35g/min、12.81g/min、9.28g/min、6.22g/min，相比生土试块减小了 11.20%～71.45%。根据前述有关水泥对试块抗压强度影响的分析，结合试块的崩解速率以及水泥成本，对于试块的耐水性，建议水泥掺量控制在 5%。随着环氧树脂掺量的增加，试块的崩解速率逐渐减小，当掺量超过 7%时趋于平稳。环氧树脂掺量为 7%时，崩解速率为 4.58g/min，相比生土试块减少了 78.98%。因此，对于试块的耐水性，建议环氧树脂掺量控制在 7%。

2. 浸水抗压分析

为进一步探究生土浸水后的力学性能，对浸水 1h 后的试块进行立方体抗压试验，试验结果见表 6.17。将浸水前后的抗压强度进行对比分析可知，浸水 1h 后，生土试块已经崩解，失去承载能力，抗压强度为零，即自然状态下，墙体在水中浸泡 1h 后，由于生土失去稳定性，墙体容易破坏。

掺入 0.5%和 0.75%秸秆的试块浸水 1h 后还具有一定承载力，此时对应的抗压强度分别为 0.51MPa 和 0.31MPa，相比浸水前，抗压强度损失率为 63.57%和 71.56%。秸秆掺量为 0.25%和 1%时，浸水 1h 后试块完全丧失承载力；掺入淀粉的试块浸水 1h 后，试块的抗压强度损失率随着淀粉掺量的增加而呈现先减小后增加的趋势。当掺量为 5%时达到最低，此时对应的抗压强度为 0.70MPa，损失率为 51.72%；掺入水泥的试块浸水 1h 后，随着水泥掺量的增加，抗压强度损失率逐渐减小，掺量为 2%、5%、8%、11%时对应的浸水后抗压强度分别为 0.33MPa、0.80MPa、1.18MPa、1.69MPa，抗压强度损失率分别为 76.09%、50%、37.89%、30.45%；掺入环氧树脂的试块浸水 1h 后，随环氧树脂掺量的增加，试块抗压强度损失率逐渐减小，当环氧树脂掺量为 7%时，试块浸水后的抗压强度最大，为 1.30MPa，损失率为 29.34%，当掺量高于 7%时趋于稳定。

表 6.17　浸水试块 1h 抗压强度

材料	抗压强度/MPa	抗压强度损失率/%
生土	0	100.00
0.25%秸秆	0	100.00
0.5%秸秆	0.51	63.57
0.75%秸秆	0.31	71.56
1%秸秆	0	100.00
1%淀粉	0.22	83.58
3%淀粉	0.54	61.70
5%淀粉	0.70	51.72

材料	抗压强度/MPa	抗压强度损失率/%
7%淀粉	0.36	73.33
2%水泥	0.33	76.09
5%水泥	0.80	50.00
8%水泥	1.18	37.89
11%水泥	1.69	30.45
3%环氧树脂	0.79	42.34
5%环氧树脂	0.90	41.94
7%环氧树脂	1.30	29.34
10%环氧树脂	1.27	30.22

6.4　改性效果综合评价及微观分析

6.2 节和 6.3 节通过单轴抗压试验、直剪试验、抗冲刷试验以及浸水试验，分析每种材料对川西地区生土的力学性能以及耐久性的作用效果，得到了每种材料的最优掺量。

在 6.2 节和 6.3 节的基础上，本节将从抗压强度、抗剪强度特征、抗冲刷能力和耐水性 4 个方面综合评价羌寨生土改良效果。为了从微观形貌上解释材料的改性机制，分别对生土和掺有不同改性材料的试样进行电镜扫描，对电镜扫描图片进行定性和定量分析。

6.4.1　改性生土材料效果评价

以改性前后生土材料的抗压强度比来表征强度改良效果，抗剪强度比值表征强度改良效果，利用冲刷系数表征试块的抗冲刷能力，以抗压强度损失率表征试块的耐水性。抗压强度比值越大，抗剪强度比值越大，冲刷系数越小，抗压强度损失率越小，其改良效果越好。

由图 6.25(a) 可知，秸秆掺量为 0.5%时，试块的综合改良效果较佳，生土试块的抗压强度和耐水性同时得到提高；由图 6.25(b) 可见，淀粉掺量为 5%时，试块的综合改良效果较优；图 6.25(c) 为水泥掺量对生土改良效果评价，可见随着掺量的增加，其综合改良效果越来越好。根据前述分析、《砌体结构设计规范》(GB 50003—2011) 以及水泥成本，在改良生土力学性能和耐久性方面，水泥掺量建议控制在 5%；图 6.25(d) 表明，当环氧树脂掺量为 7%和 10%时，试块的综合改良效果较佳。考虑到各改性材料的环境污染、能否二次利用以及经济成本等因素，结合改良效果评价，建议改性材料的最优掺量分别为：秸秆掺量 0.5%、淀粉掺量 5%、水泥掺量 5%、环氧树脂掺量 7%。

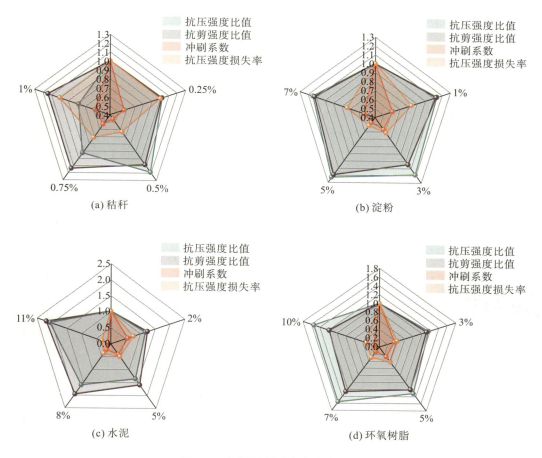

图 6.25　不同材料改良生土效果图

由各种材料最优掺量效果对比表(表 6.18)可知,改性材料对生土抗压强度和耐水性的改良效果为:环氧树脂＞水泥＞淀粉＞秸秆。改性材料对生土抗剪强度的改良效果为:水泥＞环氧树脂＞淀粉＞秸秆。改性材料对生土抗冲刷能力的改良效果为:环氧树脂＞水泥＞秸秆＞淀粉。

表 6.18　各种材料最优掺量效果对比表

参数	生土	0.5%秸秆	5%淀粉	5%水泥	7%环氧树脂
抗压强度比	1.00	1.19	1.23	1.36	1.56
抗剪强度比	1.00	1.08	1.19	1.59	1.27
冲刷系数	1.00	0.46	0.47	0.41	0.12
抗压强度损失率/%	100.00	63.57	51.72	50.00	29.34

6.4.2　不同材料对生土的改性机理

6.4.2.1　电镜扫描图像的定性描述

试验后，分析各种材料不同掺量的改良效果，选择掺有秸秆、淀粉、水泥和环氧树脂的试样作为试验样本，将其切成 8mm×8mm×15mm 的土样，然后将其喷好金属镀膜，采用 Thermo Fisher Scientific 的 Prisma E 型号电镜扫描仪进行观察（图 6.26）。

图 6.26　电镜扫描仪

图 6.27（a）是生土的扫描电子显微镜（scanning electron microscope，SEM）图。从图中可知，生土试块内部的孔隙大且数量多，这些孔隙使试块内部的薄弱区增加。没有加改性材料的试块，土体松散，土颗粒堆积在一起但连接不紧密，在外力的作用下容易破坏。所以，生土试块的强度低，抗冲刷能力差。

图 6.27（b）是秸秆改良生土的 SEM 图。秸秆在试块中充当骨料，起到了"加筋"作用，秸秆表面不光滑，使秸秆与生土之间具备良好的机械咬合条件，如图 6.29（b）所示，秸秆表面有一条一条的小凹槽和小突刺，土颗粒很好地附着在秸秆表面，说明秸秆可以增加生土试块的内摩擦力，对土体有拉结作用，以此来提高生土的力学性能和耐久性。但是由于秸秆为中空状，若掺量过高，这些中空区域会贯通试块内部，使试块的薄弱点增加，在改性的过程中会导致土体黏结不紧密，且试块在养护的过程中，试块中的水分会使秸秆腐蚀、霉变，所以秸秆掺量不宜过高。

图 6.27（c）是淀粉改良生土的 SEM 图。由图可以看出，淀粉可以黏结成膜，将土体包裹在内黏结在一起，起到一定的胶凝作用，使土体黏结更紧密，以此来提高土体的力学性能和耐久性。但是当淀粉掺量过高时，淀粉自身会黏结成团。这些淀粉团在试块内部越多，受到外力时试块就越容易破坏。所以，淀粉掺量不宜过高。

图 6.27（d）为水泥改良生土的 SEM 图。如图所示，水泥在生土的改性过程中，会发生水化反应和水解反应，生成纤维状的水化硅酸钙与 CAH 凝胶、氢氧化钙、针状的钙矾石等物质。试块的孔隙明显减少，这是因为水泥在改性过程中的产物附着在了试块内的孔隙内壁以及土颗粒的表面，在土体内生成的新骨架，使原来的孔隙被填充了，土体更加密实。水泥中含有大量的钙、钠、镁、铝离子，土颗粒表面也吸附着大量的离子，在改性过程中两部分离子会发生离子交换反应，该反应可以使土颗粒表面的水膜层变薄，让土体内部更加紧密，强度也会得到明显的提高，也使生土试块的力学性能和耐久性得到了明显的改善。

图 6.27（e）为环氧树脂改良生土的 SEM 图。如图所示，试块的孔隙相比生土试块减小很多。这是因为环氧树脂性质稳定，黏附力强。环氧树脂 E-51 不会损伤土体，当其与固化剂混合时会发生交联反应，交联反应生成的三维网状结构会将土体连接起来，这种结构也会形成新的骨架，填充土体孔隙，从而提高土体的黏聚力，增强其力学性能和耐久性。

当环氧树脂掺量为 7%时，土体与环氧树脂已经很好地结合，趋于饱和状态。所以当掺量高于 7%时，环氧树脂对土体的改性作用不再有提升。

(a) 生土SEM图

(b) 秸秆改良生土SEM图

(c) 淀粉改良生土SEM图

(d) 水泥改良生土SEM图

(e) 环氧树脂改良生土SEM图

图 6.27　不同材料试块的 SEM 图

6.4.2.2　PCAS 运算的定量分析

利用 PCAS 软件对掺有不同材料试块的 500 倍 SEM 图片进行分析，得到二值化图像和颗粒识别结果图（图 6.28），处理过后软件自动输出几何参数。将加了材料和没加材料的试样进行定量对比分析，从微观角度解释不同材料试块的结构特征以及对力学性能和耐久性能的影响。需要注意的是，PCAS 软件所得到的长度和面积都是以像素为单位，需要通过式（6.2）和式（6.3）转换成真实的参数。

$$S_t = S \times R^2 \tag{6.2}$$

$$C_t = C \times R \tag{6.3}$$

式中，S_t 与 C_t 分别表示实际面积和实际周长；S 与 C 分别表示像素面积和像素周长；R 为图像的分辨率，本章中放大 500 倍图像的分辨率为 0.54μm/pixel。

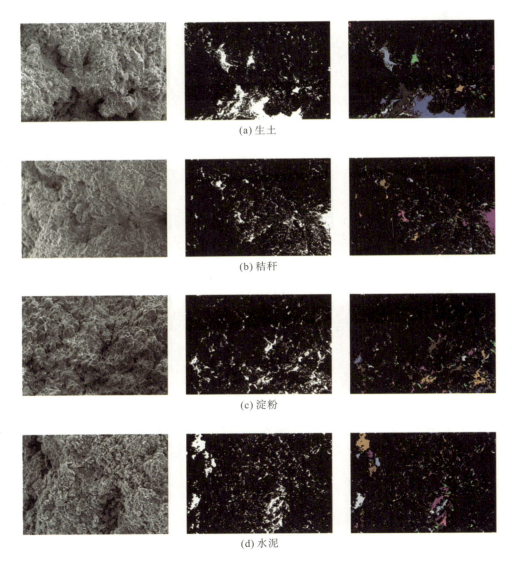

(a) 生土

(b) 秸秆

(c) 淀粉

(d) 水泥

(e) 环氧树脂

图 6.28　二值化和颗粒识别结果图

　　按照表 6.19 所示分类标准，对不同改性材料试样的孔隙数量和孔隙面积进行直方图统计，统计结果如图 6.29 所示。在生土中加入改性材料后，试块内的孔隙被填充，大孔隙和中孔隙被转换为小孔隙和微孔隙，微、小孔隙的数量和面积也比改性前减少。试块的孔隙面积主要由大孔隙决定，生土试块的大孔隙数量和面积分别为 21 个、55147.1μm^2。经秸秆、淀粉、水泥和环氧树脂改性后，试块的大孔隙数量分别为 16 个、19 个、9 个和7 个，面积分别为 47221.12μm^2、13247.68μm^2、9255.38μm^2 和 9906.53μm^2。生土试块孔隙总面积为 81173.16μm^2。秸秆试块、淀粉试块、水泥试块和环氧树脂试块对应的孔隙总面积分别为 69746.34μm^2、32817.94μm^2、19542.47μm^2 和 17976.8μm^2，分别减少了 14.08%、59.57%、75.92% 和 77.85%。生土试块的孔隙面积大，颗粒之间的连接强度低，当有雨水浸入或者外力挤压时，土体颗粒陷入孔隙，更容易发生破坏。掺入秸秆、淀粉、水泥、环氧树脂的试块孔隙面积相对生土较低，比较稳定，因此力学性能和耐久性较强。

表 6.19　孔隙分类表

分类	微孔隙	小孔隙	中孔隙	大孔隙
孔隙半径/μm	<2	2~5	5~20	>20

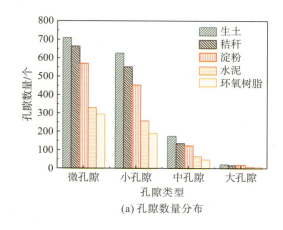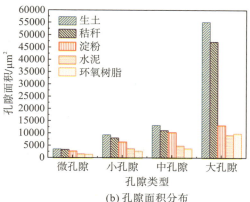

(a) 孔隙数量分布　　　　　　　　　　(b) 孔隙面积分布

图 6.29　不同材料孔隙分布

概率熵表征颗粒和孔隙的定向性，当数值越趋近 1，试块的有序性越差，土体越稳定；分选系数表征颗粒的均匀程度，其数值越大，说明分选性越差，孔隙度越小，土体越稳定；颗粒平均形状系数表征颗粒形状与圆球的差异程度，分形维数越大，土体形态越复杂，越趋于稳定。

如图 6.30 所示，向生土中掺入改性材料后，试块的概率熵相比生土均有所增加并趋近 1，说明改性后试块的孔隙随机排列，有序性差，土体更稳定。掺入改性材料的试块其分选系数相比生土均有所增加，改性后的生土由于秸秆拉结、淀粉胶凝、水泥水化产物以及环氧树脂交联反应生成的三维网状结构等作用，颗粒形状发生了明显的改变，致使颗粒的分选性变差；掺入淀粉、水泥和环氧树脂后，试块的分形维数均增加，说明其形态的复杂化。掺入秸秆后试块的分形维数变化不大，主要是因为秸秆并没有与土体发生反应，土颗粒形态和生土的差别不大。

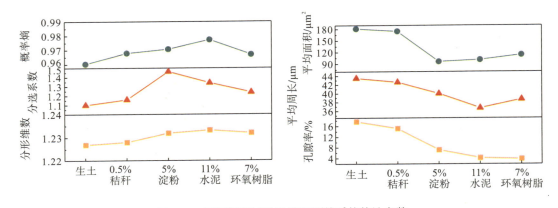

图 6.30　不同材料试块孔隙和颗粒系统统计参数

平均孔隙面积、平均孔隙周长能反映孔径信息，其值越大，大孔隙占比越多；孔隙率是影响水分在孔隙中流动的重要参数。如图 6.30 所示，分别掺入秸秆、淀粉、水泥和环氧树脂的试块平均孔隙面积相比生土试块减小了 3.65%、46.94%、44.34% 和 37.13%，平均周长减小了 2.04%、8.06%、15.60% 和 11.07%，孔隙率减小了 14.08%、59.52%、75.90% 和 77.82%。生土试块的三个指标都较大，说明孔径大，大孔隙占比多，土体结构疏松，在外力作用下容易被破坏，反之，掺入改性材料的试块孔隙率低，减缓了水分在孔隙中的流动，使其力学性能和耐久性均有所提高。

6.5　改性生土材料单轴受压本构关系

6.4 节从抗压强度、抗剪强度、抗冲刷能力以及耐水性四个方面，综合分析了每种材料的改性效果，并且通过微观结构，从定性和定量两个方面分析了每种材料的改性机理。本节在前面几节的基础上，结合试验得到的应力-应变曲线和既有的研究，进一步优化生土材料的抗压本构关系，得出适用于川西地区生土的本构关系模型。所得研究成果可为川西藏羌民居结构或者类似的结构体系的理论计算及抗震减灾提供依据。

6.5.1　现有单轴受压本构关系模型

生土材料本构关系模型的研究，大多采用单轴抗压试验的结果去类比其他建筑材料的本构关系，得到合适的本构关系模型，一般分为两部分，上升段和下降段，多为指数式和多项式等形式。表 6.20 为现有的生土材料本构关系模型。根据表 6.20，选取生土试块的试验曲线进行拟合，如图 6.31 所示。

表 6.20　生土材料本构关系模型

序号	作者	方程式	备注
1	赵成等（2010）	$y = \dfrac{ax}{bx^2 + cx + 1}$	全曲线
2	Zhang（2016）	$y = \begin{cases} e^{-5.3(x-1)^2} \\ 1.5 - 0.5x \end{cases}$	$x \leqslant 1$ $x \geqslant 1$
3	Rogiros 等（2014）	$y = \begin{cases} a_1 x + b_1 x^2 + c_1 x^3 \\ a_2 + b_2 x + c_2 x^2 + d_2 x^3 \end{cases}$	$x \leqslant 1.07$ $1.07 \leqslant x \leqslant 4$

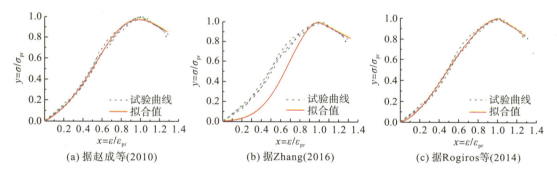

(a) 据赵成等（2010）　　　(b) 据Zhang（2016）　　　(c) 据Rogiros等（2014）

图 6.31　本构关系模型的比较

赵成等（2010）用同一个方程式来描述生土试块的本构关系，优点是形式简单，缺点是曲线最开始的下凹段与试验得到的曲线拟合效果不好。由图 6.31（a）可知，赵成等的本构关系模型对于试验曲线峰值点处的拟合效果有所差异。

Zhang 等（2016）以分段函数的形式来表达本构关系，分别采用幂指数函数和一次函数，通过调整本构关系模型参数来拟合改性土曲线。但在分段点 $x=1$ 处，两段函数斜率不为零且不相等，说明该点不是峰值点，且曲线不连续。此外，描述下降段曲线的一次线性方程不含参数，并不能很好地反映该段曲线的特点。由图 6.31（b）可知，该本构关系模型对于曲线的上升段拟合较好，但对于下降段拟合效果欠佳。

  Rogiros 等(2014)也采用分段函数表达本构关系模型且两段均为一元三次函数，能较好表达曲线特点。但分段点不在 $x=1$ 处，在 $x=1.07$ 处，与生土材料的应力-应变曲线略有出入。由图 6.31(c)可见，本构关系模型对于曲线两端的拟合效果较好，仅在峰值点处的拟合情况欠佳。

  综上，为了数值模型的推广使用，所选择的本构关系模型应该满足相关的条件，否则拟合的效果不好。首先，所选用的本构关系模型必须能够较好地拟合试验得出的应力-应变曲线；其次，本构关系模型的表达式不能过于复杂，否则影响使用，且对于不同改性生土材料的应力-应变曲线的拟合都能达到一个较好的效果；最后，本构关系模型的曲线必须满足"下凹性"，分段点处满足 $x=1$ 时，$y=1$ 的基本条件，本构关系模型的下降段曲线也必须基本描述试验所得到的应力-应变曲线特征。因此，选取 Rogiros 等(2014)的本构关系模型进行优化并用于试验曲线的拟合。

6.5.2　改良单轴受压本构关系模型

  合理的本构关系应满足以下几个条件：①本构关系与试验所得到的应力-应变曲线的拟合效果较好；②本构关系模型式简单，能够适用于不同种类的改性生土材料；③本构关系模型式里的参数不能太多，且每个参数都具有明确的物理意义。经过上述对 Rogiros 等(2014)所提出本构关系模型的分析，仲继清(2018)根据混凝土本构关系模型的建立条件，用数学关系描述了生土材料的应力-应变曲线的几何特性，进一步推导其本构关系模型。本章试验所得的曲线也满足要求，所以采用仲继清(2018)提出的方法对其进行优化。分段点设置在 $x=1$ 处，并借鉴混凝土本构关系模型建立的几何条件，即 $x=0$ 时，$y=0$；$x=1$ 时，$y=1$，$\left.\dfrac{\mathrm{d}y}{\mathrm{d}x}\right|_{x=1}=0$。

6.5.2.1　上升段曲线

Rogiros 等(2014)提出的本构关系模型上升段曲线方程为

$$y = a_1 x + b_1 x^2 + c_1 x^3 \tag{6.4}$$

对式(6.4)分别求一阶导数和二阶导数，结果如式(6.5)和式(6.6)所示。

$$y' = a_1 + 2b_1 x + 3c_1 x^2 \tag{6.5}$$

$$y'' = 2b_1 + 6c_1 x \tag{6.6}$$

将条件 $x=0$，$y=0$；$x=1$，$y=1$；$\left.\dfrac{\mathrm{d}y}{\mathrm{d}x}\right|_{x=1}=0$ 代入式(6.4)和式(6.5)，整理得到上升段的曲线方程为

$$y = a_1 x + (3 - 2a_1)x^2 + (a_1 - 2)x^3 \tag{6.7}$$

式中只剩下一个独立参数 a_1。

  当 $x=0$ 时，根据式(6.5)求得 $\dfrac{\mathrm{d}y}{\mathrm{d}x}=a_1$，则参数 a_1 可表示为

$$a_1 = \frac{\mathrm{d}y}{\mathrm{d}x}\bigg|_{x=0} = \frac{\mathrm{d}\sigma/\sigma_{\mathrm{pr}}}{\mathrm{d}\varepsilon/\varepsilon_{\mathrm{pr}}}\bigg|_{x=0} = \frac{\mathrm{d}\sigma/\mathrm{d}\varepsilon|_{x=0}}{\sigma_{\mathrm{pr}}/\varepsilon_{\mathrm{pr}}} = \frac{E_0}{E_{\mathrm{P}}} \tag{6.8}$$

式中，$E_0 = \mathrm{d}\sigma/\mathrm{d}\varepsilon|_{x=0}$ 为生土基材料的初始切线模量，N/mm^2；$E_{\mathrm{p}} = \sigma_{\mathrm{pr}}/\varepsilon_{\mathrm{pr}}$ 为生土基材料的峰值点对应的割线模量，N/mm^2。参数 a_1 物理意义明确，即生土基材料初始切线模量与峰值割线模量的比值。

a_1 不同的取值对应的上升段曲线的变化如图 6.32 所示。当 $a_1=1$ 时曲线无下凹段，与生土基材料的应力-应变曲线不一致。a_1 值越小，下凹段越靠近 x 轴。

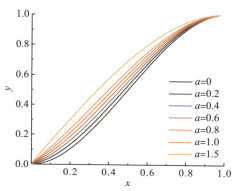

图 6.32　a_1 对上升段曲线的影响

6.5.2.2　下降段曲线

Rogiros 等（2014）提出的本构关系模型下降段曲线方程为

$$y = a_2 + b_2 x + c_2 x^2 + d_2 x^3 \tag{6.9}$$

对式（6.9）分别求一阶导数和二阶导数，结果如式（6.10）和式（6.11）所示。

$$y' = b_2 + 2c_2 x + 3d_2 x^2 \tag{6.10}$$

$$y'' = 2c_2 + 6d_2 x \tag{6.11}$$

将边界条件 $x=1$，$y=1$；$\dfrac{\mathrm{d}y}{\mathrm{d}x}\bigg|_{x=1} = 0$ 分别代入式（6.9）和式（6.10）整理得到下降段的曲线方程为

$$y = (1 + c_2 + 2d_2) - (2c_2 + 3d_2)x + c_2 x^2 + d_2 x^3 \tag{6.12}$$

综上所述，优化后的生土基材料应力-应变关系的表达式为

$$y = \begin{cases} a_1 x + (3 - 2a_1)x^2 + (a_1 - 2)x^3, & 0 \leqslant x \leqslant 1 \\ (1 + c_2 + 2d_2) - (2c_2 + 3d_2)x + c_2 x^2 + d_2 x^3, & x \geqslant 1 \end{cases} \tag{6.13}$$

则单轴压缩本构关系如下：

$$\frac{\sigma}{\sigma_{\mathrm{pr}}} = \begin{cases} a_1 \dfrac{\varepsilon}{\varepsilon_{\mathrm{pr}}} + (3 - 2a_1)\left(\dfrac{\varepsilon}{\varepsilon_{\mathrm{pr}}}\right)^2 + (a_1 - 2)\left(\dfrac{\varepsilon}{\varepsilon_{\mathrm{pr}}}\right)^3, & 0 \leqslant \varepsilon \leqslant \varepsilon_{\mathrm{pr}} \\ (1 + c_2 + 2d_2) - (2c_2 + 3d_2)\dfrac{\varepsilon}{\varepsilon_{\mathrm{pr}}} + c_2\left(\dfrac{\varepsilon}{\varepsilon_{\mathrm{pr}}}\right)^2 + d_2\left(\dfrac{\varepsilon}{\varepsilon_{\mathrm{pr}}}\right)^3, & x \geqslant \varepsilon_{\mathrm{pr}} \end{cases} \tag{6.14}$$

6.5.3 本构关系模型应用

根据前面对试验结果的分析,各种改性材料的最优掺量为:0.5%的秸秆、5%的淀粉、5%的水泥以及 7%的环氧树脂。将理论公式与这几组的试验结果进行拟合。

根据优化后的本构关系模型,为确定不同改性材料对应的本构关系模型的参数取值,将每组试验得到的应力-应变曲线简化为无量纲的应力-应变曲线,利用软件 Origin 进行拟合,拟合的参数结果和效果如表 6.21、表 6.22 和图 6.33 所示。不同改性材料所对应的参数取值存在差异,拟合得到的系数 R^2 均大于 0.95。由图 6.33 可知,试验所得曲线的上升段和下降段拟合效果较好,形状基本一致,曲线光滑连续,说明优化后的本构关系模型对试验结果得到的曲线拟合效果较好。因此,此本构关系模型能较好地反映中国川西地区生土的变形特点,可为后续研究提供支撑。

表 6.21 上升段参数取值

参数	生土	0.5%秸秆	5%淀粉	5%水泥	7%环氧树脂
a_1	0.167	0.276	0.393	0.214	0.627
R^2	0.995	0.993	0.987	0.993	0.982

表 6.22 下降段参数取值

参数	生土	0.5%秸秆	5%淀粉	5%水泥	7%环氧树脂
c_2	−37.841	−6.288	−28.403	−30.335	−11.473
d_2	10.940	1.543	8.083	8.416	3.025
R^2	0.959	0.965	0.985	0.961	0.980

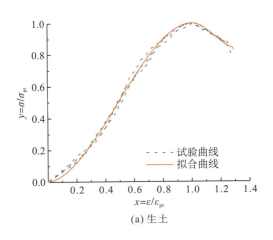

(a) 生土

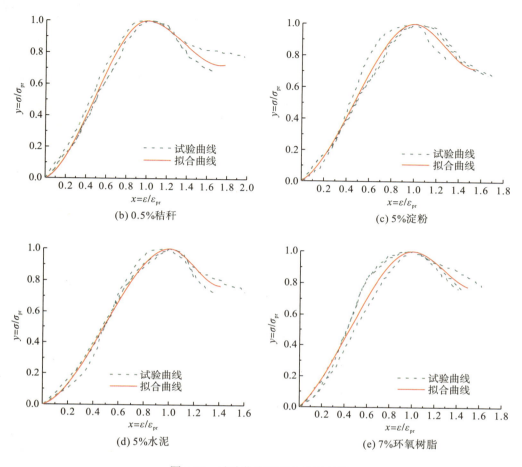

图 6.33　试验曲线和拟合曲线对比

6.6　结　　论

（1）秸秆、淀粉、水泥和环氧树脂对川西地区生土的力学性能和耐久性均有提高。秸秆、淀粉和环氧树脂在其对应的性能-掺量曲线中出现了峰值，对应试验范围内的最优掺量分别为 0.5%秸秆、5%淀粉以及 7%环氧树脂。水泥在其对应的性能-曲线上呈单向变化，具有较大提升效果，综合考虑成本以及水泥对藏羌民居建筑风格的影响，水泥掺量建议控制在 5%。

（2）改性材料对生土抗压强度和耐水性的改良效果从好到坏为环氧树脂、水泥、淀粉、秸秆。改性材料对生土抗剪强度的改良效果从好到坏为水泥、环氧树脂、淀粉、秸秆。改性材料对生土抗冲刷能力的改良效果从好到坏为环氧树脂、水泥、秸秆、淀粉。

（3）根据对各个试块的微观形貌分析，秸秆对生土的改性效果主要取决于它对土体的拉结作用，淀粉对生土的改性效果主要取决于其本身的胶凝作用，水泥对生土的改性效果主要取决于它的水化反应和水解反应,环氧树脂对生土的改性过程主要取决于其交联反应生成的三维网状结构。

(4)根据 PCAS 软件处理试块 SEM 图片输出的数据可知,掺加改性材料后,试块内的孔隙被填充,与生土试块相比,其总孔隙面积和数量减少,因此提高了生土的力学性能和耐久性。

(5)优化后的生土基材料本构关系模型参数 a_1 有明确的物理几何意义,反映生土基材料的初始切线模量与峰值割线模量之间的关系。该方程可为后续川西藏羌民居建筑墙体的理论计算提供基础理论支持。

第7章 结 论

7.1 主要成果和贡献

本书系统地介绍了结构形式、加固方式以及材料改性对桃坪羌寨抗震性能的影响。

第2章首先对桃坪羌寨碉房墙体建筑材料生土和岩石进行基本力学性能试验，明确其基本力学参数；其次对碉房墙体进行抗剪性能分析；最后对地震作用下影响桃坪羌寨碉房结构抗震性能的三个因素：体量、收分、共墙进行分析，并提出相应的抗震加固措施。本章主要研究成果如下。

(1)通过对桃坪羌寨碉房建筑材料生土和岩石的基本力学性能试验，得到材料的抗压强度、泊松比、弹性模量、黏聚力和内摩擦角等基本力学参数，并通过相关文献和规范得到了石砌体结构的相关参数。

(2)对碉房墙体和砖砌体墙进行抗剪性能数值模拟分析，通过结果对比可知：砖砌体墙的水平荷载要比碉房墙体高接近1.5倍，抗剪强度是碉房墙体抗剪强度的1.6倍，表明桃坪羌寨碉房墙体抗剪性能较差。

(3)小体量低层碉房和大体量多层碉房自振特性都符合石砌体自振特性规律。由于小体量低层碉房总体高度较低，整体质量较小，结构相对较规则，结构刚度和质量分布比较均匀，而大体量多层碉房自重较大，结构不规整，部分位置刚度突变，结构的抗侧刚度不均匀，受到的地震力较大。顶层结构由于质量较小，产生刚度突变，导致鞭梢作用明显，产生较大的位移。小体量低层碉房较大体量多层碉房在相同地震作用下位移小，基底剪力小，其加速度放大系数较小，随着高度的增加，小体量低层碉房加速度增量较大体量多层碉房加速度增量较小，所以小体量低层碉房较大体量多层碉房抗震性能好。

(4)碉房墙体未收分结构和收分结构自振特性都符合石砌体自振特性规律。碉房墙体收分较未收分结构自重较轻，结构总体重心降低，而墙体收分相当于外墙向内给了一个支撑，使碉房的整体稳定性加强。碉房墙体收分结构位移比碉房墙体未收分结构位移小，基底剪力小，加速度放大系数较小，随着高度的增加，碉房墙体收分结构加速度增量比碉房墙体未收分结构加速度增量小，说明墙体收分结构抗震性能较未收分结构好。

(5)独栋碉房和共墙碉房自振特性符合石砌体自振特性规律。桃坪羌寨共墙碉房比独栋碉房在相同地震作用下其加速度放大系数小，随着高度的增加，共墙碉房加速度增量比独栋碉房加速度增量小；共墙碉房最高点比独栋碉房最高点最大位移小，说明在同等地震作用下，由于共墙碉房有较多的墙体相互支撑拉结，其破坏程度较小，抗震性能较独栋碉房好。

(6)针对桃坪羌寨碉房的破坏特点，对木梁搭接、横纵墙咬接、生土砂浆、女儿墙及门窗洞口等问题，提出了一些设计及加固措施，有效地提高了桃坪羌寨碉房在地震作用下的抗震能力。

第 3 章旨在研究桃坪羌寨碉楼结构的抗震性能，运用有限元分析方法研究桃坪羌寨结构体系在低周往复荷载和地震波用下的抗震性能，主要研究成果如下。

(1)根据相关生土石砌体墙的抗剪试验，在不考虑生土和石材间相互作用的前提下，采用 Python 对 ABAQUS 有限元软件进行二次开发，实现了石砌墙体的分离式建模，且试验结果与有限元结果比较吻合，表明使用该有限元模拟毛石砌体结构受力性能的方法可行。

(2)在低周循环荷载作用下，得到墙体采用收分结构能提高碉楼墙体的承载力和刚度，碉楼墙体最佳收分率为 2.75%～3.75%，最优的碉楼墙体收分率为 3%，与实际测量碉楼墙体收分率 3.25%较为吻合；墙体外部修砌鱼脊线在一定程度上能提高碉楼的承载力和刚度，且鱼脊线夹角的最佳范围为 70°～120°，最优鱼脊线夹角为 90°，桃坪羌寨当地实测鱼脊线夹角为 120°，在本章模拟鱼脊线夹角的最佳范围内；碉楼墙体增设过江石能提高墙体的承载力和刚度，通过对比在 20m 高的碉楼墙体内均匀设置 12 根、6 根和 0 根过江石，得到设置 12 根过江石碉楼墙体的承载力和刚度最高，与相关资料显示的实际碉楼墙体每隔 1.5m 设置过江石的结论基本一致。

(3)对五个整体碉楼结构模型进行了模态分析，结果表明五个模型均沿 X 方向的一阶平动，且扭转都发生在第三阶振型，这说明碉楼结构体系的抗扭刚度较大，结构的整体刚度分布较均匀；五个碉楼结构的前三阶振型均相同，第一阶和第二阶振型主要是沿 X、Y 方向的一阶平动，第三阶出现扭转，表明桃坪羌寨碉楼结构在地震作用下与普通石砌体结构的振动现象一致，都是以剪切变形为主。

(4)地震荷载作用时整体碉楼结构有限元模型的多遇和罕遇时程响应分析，结果表明：无收分结构的碉楼墙体，结构自重偏大，当施加相同地震荷载作用时，其基底剪力和结构刚度也偏大；设置鱼脊线夹角的碉楼从竖直和水平向上均提高了碉楼结构的稳定性，水平截面上形成的多道匝状三角形，三角形结构在力学上具有良好的稳定性，所以含鱼脊线的碉楼结构在发生地震时，受到更小的地震力；含过江石碉楼结构能使石材和泥土间拉结力更大，在相同地震波下同样受到更小的地震荷载影响；3%收分率碉楼结构和实际碉楼结构都有收分，实际碉楼结构还增加了鱼脊线和过江石，它们和一般碉楼结构相比，自重更轻，因此基底剪力也越小，结构所受到的地震作用也越小。

(5)对整体碉楼结构模型进行静力弹塑性分析，结果表明：实际碉楼结构进入塑性状态所需推覆力最大；3%收分率碉楼结构所需推覆力次之；含过江石和鱼脊线碉楼结构的推覆力排列第三和第四；一般碉楼结构最先进入塑性状态，所需推覆力和其他几种碉楼相比也最小；由此可见，设置墙体收分、墙体嵌入过江石以及在墙体外部修砌鱼脊线均能提高碉楼结构的抗震性能。

(6)综合考虑碉楼结构的受力性能和施工难度，推荐桃坪羌寨碉楼结构选择方案的顺序为设置碉楼墙体收分、碉楼墙体内嵌入过江石、墙体外部修建鱼脊线。

第 4 章窗洞口对碉楼抗震性能的影响分为开洞率、开洞形状、洞口排列规则与否三种因素对其抗震性能的影响。首先利用 Python 所带的编程功能对 ABAQUS 软件进行二次开发，其次采用分离式建模，并验证该方式来分析开洞碉楼结构的可行性；然后分析窗洞口对开洞碉楼墙体力学性能的影响，即利用拟静力加载方法分析开洞率、开洞形状、洞口排列规则与否这三种因素对开洞墙体的影响；最后在地震波作用下分析三种因素对整体开洞碉楼抗震性能的影响。主要研究结论如下。

（1）利用 Python 所带的编程功能对 ABAQUS 有限元软件进行再次开发分离式建模，参考相关文献的试验，通过验证对比，最后得出用有限元软件来研究石砌体结构力学性能的可行性和用此种分离式建模方式来建立模型的可靠性。

（2）在研究窗洞对碉楼墙体的力学性能影响分析中，利用对开洞墙体进行低周往复加载方法分别得到开洞率、开洞形状、洞口排列规则三种开洞情况碉楼墙体模型的滞回曲线、骨架曲线、刚度退化曲线。随着碉楼墙体开洞率的增加，墙体的承载力和刚度都依次减小且耗能能力逐渐变弱；开洞率超过 10%的墙体，其抗侧向刚度降低的速率会变大，所以在满足基本条件的情况下，墙体应减少开洞率，保证其抗侧向刚度减小速率变慢；墙体开洞形状的不同，其承载力和刚度也不同，随等腰梯形、圆形、正方形、矩形的顺序不断减小，滞回环面积大小也随该顺序逐渐减小，由此可以得出其耗能能力也逐渐减弱，所以洞口可以设置为等腰梯形，但如果考虑其外观形象，圆形和正方形较为妥当，不建议使用扁平的矩形窗洞；墙体洞口排列规则的承载力和刚度会比排列不规则的高 9.5%左右，而且当洞口排列不规则时，其不同的不规则排列方式对墙体刚度影响较小；洞口排列规则墙体的滞回环面积最大，相比而言其耗能能力较强。

（3）在整座开洞碉楼进行模态分析时，得出碉楼开洞率越大，其结构刚度会越小；等腰梯形开洞碉楼的周期比当地实际开一洞碉楼的小，说明开洞形状为等腰梯形的碉楼结构比正方形的更能提高其刚度；洞口排列规则碉楼结构的周期比当地实际开三洞碉楼的小，说明洞口排列规则的碉楼结构确实能提高结构的刚度。开洞碉楼结构的第一阶和第二阶振型是沿 X 和 Z 方向的一阶平动，而从第三阶振型可以看出，所有模型都发生了扭转，这说明碉楼结构在地震作用下仍以剪切变形为主，由前三阶振型图可知，五种开洞碉楼结构的抗扭刚度较大，刚度和质量分布也较均匀。与普通石砌体结构相比，开洞碉楼结构的自振周期偏大，这是由桃坪羌寨开洞碉楼的施工工艺和材料特性所导致的，其振动现象与普通石砌体结构保持一致，但仍然体现出石材的刚性。

（4）对开洞碉楼结构进行时程响应分析时，可以得到：相比于 10%开洞率的碉楼，当地实际碉楼拥有更小的开洞率，所以会产生较小的顶点位移，承受的基地剪力也更小；相比于当地实际碉楼的正方形开洞形式，设置为开洞形式为等腰梯形，使其呈堡垒形基部较宽，逐渐向上收缩，结构的稳定性较好，所以会产生较小的顶点位移，且承受的地震力也更小；相比于当地实际碉楼不规则的排列方式，洞口排列规则的开洞碉楼受力更加均匀，所以产生较小的顶点位移，受到更小的地震荷载。当地碉楼除了有更小的开洞面积外，其他开洞情况不利于抗震，应该得到重视。

（5）针对开洞碉楼的窗洞口的优化和如何提高开窗洞碉楼的抗震性能，提出优化建议。考虑到当地碉楼的开洞特色，在满足通风采光、防寒风和遮阳的基本条件下，尽量减少开洞率，且不要将碉楼墙体开洞率设置为超过 10%；可将洞口设置为圆形和正方形较为妥当，不建议使用扁平状的矩形窗洞口；建议洞口保持在一条竖直线上，上下洞口间距保持一致。

第 5 章旨在通过钢筋网格加固的方式，研究其对碉房结构抗震性能的改善效果。首先，本章对有限元理论进行介绍，并对模型进行验证；其次，对钢筋网格加固的墙体模型进行拟静力分析；最后，对整栋碉房在地震波作用下的抗震性能进行分析。本章主要研究结论如下。

(1) 根据石砌体结构的特性和一些相关学者的研究方法，本章通过 Python 实现对 ABAQUS 的二次开发，将石材和生土单元的随机分布进行定义。后续基于相关生土石砌体试验进行模拟验证，发现这种分离式建模方法计算结果与试验结果比较吻合，验证了建模方法的适用性。

(2) 对不同钢筋网格加固墙体进行拟静力分析，得到它们的滞回曲线、骨架曲线和刚度退化曲线。最后得出三点结论。①不同钢筋分布方式对墙体的承载力和刚度有不同程度的提升。其中，十字加固分布墙体和交叉加固分布墙体相比原墙体承载力提高比较明显，两者提升幅度比较接近，都在 30%～34%，水平加固分布墙体相比原墙体承载力提高了 22.77%，提升幅度偏弱。考虑到实际工程中的应用，十字分布施工较为方便，钢筋布置间距和角度也比较好控制，所以建议采用十字分布的钢筋网格进行加固。②随着钢筋间距的减小，墙体的极限承载力不断提升，极限位移不断增大，提升幅度呈现先大后小的趋势。当钢筋间距控制在 400～500mm 时，墙体极限承载力和延性有明显提升，同时保证经济性，所以建议钢筋间距控制在 400～500mm 比较合理。③随着钢筋直径的增大，墙体承载力提高幅度呈现先大后小的现象，并且极限位移增大逐渐减缓。综合考虑，钢筋直径的增大也会提高经济成本，建议钢筋直径控制在 8～10mm。

(3) 选择当地典型的两种碉房结构，结合前面钢筋加固的优化范围(分布方式选择十字分布，钢筋间距选择 500mm，钢筋直径选择 8mm)进行建模，研究钢筋网格加固对碉房抗震性能的影响。后续对不同碉房模型进行了模态分析，发现加固后的碉房结构自振周期均小于当地碉房结构，说明钢筋网格的加固提高了房屋的整体性和刚度。从不同碉房结构前三阶振型中可以发现，钢筋加固后碉房的振型与原碉房结构类似，第一阶、第二阶振型为水平方向的平动，第三阶振型均为平动加扭转，由此可知，碉房结构整体抗扭刚度分布比较均匀，振动现象与普通石砌体类似，都剪切变形为主，符合生土石砌体振动规律。

(4) 选取三种典型的地震波，对多遇和罕遇条件下碉房结构的时程响应进行分析。①在多遇地震作用下，加固碉房的最大基底剪力和底部最大弯矩都有一定程度降低，幅度在 15%～27%；加固碉房的最大顶点位移也小于当地碉房结构，降低幅度在 20%～25%，不同碉房的层间位移自下而上呈现逐渐减小的趋势，通过计算层间位移角可以看出，当地低层碉房会出现中等破坏，加固碉房则表现出基本完好。②在罕遇地震作用下，加固碉房最大顶点位移比原来碉房小 20%左右，通过层间位移角分析可知，当地碉房在罕遇地震作用下普遍出现了倒塌，对屋内人员生命安全造成了严重威胁，而加固后的碉房结构也出现了较大破坏，但是依旧保持不倒。③综合来看，钢筋网格的加固作用基本可以满足"小震不坏，大震不倒"的基本抗震设防目标。

(5) 基于前面研究，结合现场调研资料，关于当地碉房的加固建议：对于钢筋网格加固，分布方式建议采用十字分布，钢筋间距控制在 400～500mm，钢筋直径建议 8～10mm。

另外，针对当地碉房现存的一些问题提出了一些改善建议：①在木梁和木销等木制构件可以根据情况涂刷防腐防虫的药剂；②部分房屋附属结构增设拉结筋；③门窗洞口位置和大小尽量统一；④部分墙体应增设拉结石。

第 6 章以川西桃坪羌寨的生土为试验对象，利用秸秆、淀粉、水泥、环氧树脂单因素改良川西地区的生土，结合川西地区藏羌民居建筑墙体存在的主要问题，针对改性生土试块的力学性能和耐久性展开相应的研究，同时通过电镜扫描对改性材料的作用机理进行分析，且根据既有的本构关系，提出适用于川西地区生土材料的本构关系模型。本章主要研究结论如下。

(1)秸秆、淀粉、水泥和环氧树脂对川西地区生土的力学性能和耐久性均有提高。秸秆、淀粉和环氧树脂在其对应的性能-掺量曲线中出现了峰值，对应试验范围内的最优掺量分别为 0.5%秸秆、5%淀粉以及 7%环氧树脂。水泥在其对应的性能-曲线上呈单向变化，具有较大提升效果，综合考虑成本以及水泥对少数民族民居建筑风格的影响，水泥掺量建议控制在 5%。

(2)改性材料对生土抗压强度和耐水性的改良效果从好到坏为环氧树脂、水泥、淀粉、秸秆。改性材料对生土抗剪强度的改良效果从好到坏为水泥、环氧树脂、淀粉、秸秆。改性材料对生土抗冲刷能力的改良效果从好到坏为环氧树脂、水泥、秸秆、淀粉。

(3)根据对各个试块的微观形貌分析，秸秆对生土的改性效果主要取决于它对土体的拉结作用，淀粉对生土的改性效果主要取决于其本身的胶凝作用，水泥对生土的改性效果主要取决于它的水化反应和水解反应，环氧树脂对生土的改性效果主要取决于其交联反应生成的三维网状结构。

(4)根据 PCAS 软件处理试块 SEM 图片输出的数据可知，掺加改性材料后，试块内的孔隙被填充，相比生土试场面积，其试块的总孔隙面积和数量减少，因此提高了生土的力学性能和耐久性。

(5)优化后的生土基材料本构关系模型参数 a_1 有明确的物理几何意义，反映生土基材料的初始切线模量与峰值割线模量之间的关系。该本构关系模型可为后续川西少数民族民居建筑墙体的理论计算提供基础理论支持。

7.2 展 望

为提高桃坪羌寨的抗震加固效果，未来的研究方向可以包括以下几个方面。

(1)结构性能研究：对桃坪羌寨的结构性能进行深入研究，包括材料特性、结构形式和连接方式等。通过探索不同结构形式和材料的组合，以及优化连接方式，可以提升民居的抗震性能。

(2)抗震设计准则和规范：制定针对桃坪羌寨的抗震设计准则和规范，考虑其特殊的地理环境、建筑风格和文化传统。这些准则和规范可以提供指导，确保加固措施的科学性和适用性。

(3)加固材料和技术研发：研发适用于桃坪羌寨加固的新型材料和技术，如高性能混凝土、纤维增强复合材料等。这些材料和技术可以提高加固效果，同时考虑到桃坪羌寨的外观的特殊需求和文化特点。

（4）经济可行性研究：进行经济可行性研究，评估不同抗震加固方案的成本效益。考虑到中国川西地区的经济条件和资源限制，寻找经济有效的加固方法，确保加固工程的可持续性和可实施性。

（5）社区参与和传统知识保护：加强社区参与，尊重和保护少数民族社区的传统知识和建筑技艺。通过与当地居民的合作，结合他们的经验和智慧，开展研究和实践，以制定符合文化认同和可持续发展的加固方案。

（6）监测与评估技术：发展先进的监测与评估技术，用于对加固后的民居进行实时监测和评估。这些技术可以帮助及时发现结构缺陷和安全隐患，并采取相应的维修和加固措施，保障民居的长期安全性。

通过在上述方面的研究努力，可以进一步提升少数民族民居的抗震加固水平，保护其文化遗产，保障居民的生命安全和生活质量。

参 考 文 献

蔡曼姝, 2011. 5·12 汶川地震桃坪羌寨古建筑震灾评估与分析[J]. 山西建筑, 37(24): 36-37.

常建军, 2017. 泥浆砌筑砖墙抗震加固性能研究[D]. 北京: 北方工业大学.

成斌, 2015. 四川羌族民居现代建筑模式研究[D]. 西安: 西安建筑科技大学.

程远蝶, 2018. 羌族碉楼建筑的美学研究[D]. 昆明: 云南师范大学.

崔利富, 孙建刚, 王振, 等, 2018. 甘堡藏寨 194 号杨家宅院地震模拟振动台试验研究[J]. 建筑结构, 48(1): 42-45.

董耀华, 余永清, 2021. 增头古村落公共文化空间与远古"祖基"遗址探秘: 以理县桃坪镇增头羌寨为例[J]. 艺术家(1): 135-137.

樊恒辉, 高建恩, 吴普特, 2006. 土壤固化剂研究现状与展望[J]. 西北农林科技大学学报(自然科学版), 34(2): 141-146, 152.

傅雷, 贾彬, 蒙乃庆, 等, 2015. 西藏民居毛石墙抗压性能试验研究[J]. 工程抗震与加固改造, 37(5): 119-122, 63.

高峰, 2019. 青藏高原的碉楼[J]. 旅游中国(11): 155.

高磊, 2015. 基于蒙特卡洛法的公差分析及优化设计方法研究[D]. 哈尔滨: 哈尔滨理工大学.

高明, 2009. 羌寨传统碉楼的抗震技术[J]. 河南建材(6): 130.

郝传文, 2011. 改性方式对生土墙体材料耐久性影响的研究[D]. 沈阳: 沈阳建筑大学.

何威, 2017. 羌族碉楼建筑与嘉绒藏族碉楼建筑对比研究[J]. 中国民族美术(3): 66-75.

吉喆, 2017. 藏式民居毛石墙抗压性能试验研究[D]. 绵阳: 西南科技大学.

蒋济同, 周新智, 2019. 基于分离式建模的砌体墙力学性能有限元分析参数探讨[J]. 建筑结构, 49(S1): 640-644.

蒋利学, 王卓琳, 张富文, 2018. 多层砌体结构的损坏程度与层间位移角限值[J]. 建筑结构学报, 39(S2): 263-270.

李碧雄, 王甜怡, 赵开鹏, 等, 2021. 传统藏式民居的典型震害及易损性研究[J]. 建筑结构学报, 42(S1): 165-173.

李巧艺, 2016. 四川理县宗教建筑分布的历史调查[J]. 阿坝师范学院学报, 33(1): 44-48.

李绍明, 2006. 羌族历史文化三题: 以四川理县桃坪羌乡为例[J]. 西南民族大学学报(人文社科版), 27(4): 1-4.

李想, 孙建刚, 崔利富, 等, 2015. 藏族民居墙体抗震性能及加固研究[J]. 低温建筑技术, 37(11): 62-64, 79.

李云鹏, 2019. 藏式民居夯土墙-木结构抗震性能试验研究[D]. 成都: 四川农业大学.

蔺广涵, 叶洪东, 2018. 棉花秸秆改性生土材料试验研究[J]. 天津城建大学学报, 24(3): 196-199.

刘伟兵, 崔利富, 孙建刚, 等, 2015. 藏族民居石砌体基本力学性能试验与数值仿真[J]. 大连民族学院学报, 17(3): 252-256.

刘希, 吕秋晨, 孙裕顺, 等, 2011. 汶川地震后羌寨建筑的抗震能力调研与分析[J]. 四川建筑, 31(2): 142-144, 147.

马川, 2018. 基于 ABAQUS 二次开发的框架结构设计平台研究[D]. 西安: 西安建筑科技大学.

潘文, 2005. Push-over 方法的理论与应用[D]. 西安: 西安建筑科技大学.

任祥道, 2010. 汶川地震羌族传统民居震损分析与保护措施[J]. 四川建筑科学研究, 36(1): 163-165.

施养杭, 1994. 石结构房屋的抗震设计计算[J]. 工程抗震, 16(2): 30-35.

施养杭, 1999. 石砌体结构的分析与应用[J]. 华侨大学学报(自然科学版), 20(4): 372-376.

施养杭, 2006. 约束石砌体承重结构的抗震可靠性分析[R]. 第 15 届全国结构工程学术会议特邀报告: 111-118.

四川省建筑科学研究院, 1993. 古建筑木结构维护与加固技术规范: GB 50165－92[S]. 北京: 中国建筑工业出版社.

吴迪, 张志霞, 张艳, 2012. 基于蒙特卡罗法的钢管腐蚀结构可靠性研究[J]. 建筑结构, 28(6): 31-3.

谢小华, 2011. 底部大空间配筋砌砌体剪力墙结构抗震性能分析[D]. 长沙: 中南大学.

熊学玉, 余思瑾, 2012. 桃坪羌寨碉房结构形式及破损调查分析[J]. 四川建筑科学研究, 38(5): 77-80.

徐学书, 喇明英, 2009. 羌族传统建筑抗震技术及其传承研究[J]. 西南民族大学学报(人文社科版), 30(2): 11-14.

许浒, 杜宁宁, 余志祥, 等, 2019. 川西藏羌石砌民居建筑的抗地震倒塌性能[J]. 西南交通大学学报, 54(5): 1021-1029, 1046.

许克宾, 季文玉, 1997. 确定石砌体弹性模量的新方法[J]. 铁道标准设计, 41(1): 13-14.

杨卫忠, 2008. 砌体受压本构关系模型[J]. 建筑结构, 38(10): 80-82.

赵成, 阿肯江·托呼提, 陈嘉, 等, 2010. 改性土体材料单轴受压本构关系研究[J]. 新疆大学学报(自然科学版), 27(1): 123-126.

甄昊, 2016. 阿坝州生土石砌体结构在地震作用下的抗倒塌分析[D]. 成都: 西南交通大学.

中华人民共和国住房和城乡建设部, 2011. 砌体结构设计规范: GB 50003－2011 [S]. 北京: 中国建筑工业出版社.

中华人民共和国住房和城乡建设部, 2015. 混凝土结构设计规范: GB 50010－2010 [S]. 北京: 中国建筑工业出版社.

中华人民共和国住房和城乡建设部, 2016. 建筑抗震设计规范: GB 50011－2010 [S]. 北京: 中国建筑工业出版社.

仲继清, 2018. 生土基材料和生土砖砌体单轴受压本构关系研究及应用[D]. 西安: 长安大学.

邹金凤, 2019. 四川桃坪羌寨碉房结构抗震性能研究[D]. 成都: 成都理工大学.

Corradi M, Borri A, 2018. A database of the structural behavior of masonry in shear[J]. Bulletin of Earthquake Engineering, 16(9): 3905-3930.

Corradi M, Borri A, Vignoli A, 2003. Experimental study on the determination of strength of masonry walls[J]. Construction and Building Materials, 17(5): 325-337.

Costa S, Summa D, Zappaterra F, et al., 2021. Aspergillus oryzae grown on rice hulls used as an additive for pretreatment of starch-containing wastewater from the pulp and paper industry[J]. Fermentation, 7(4): 317.

Gattesco N, Boem I, 2017. Out-of-plane behavior of reinforced masonry walls: Experimental and numerical study[J]. Composites Part B: Engineering, 128: 39-52.

Kim Y T, Kim H J, Lee G H, 2008. Mechanical behavior of lightweight soil reinforced with waste fishing net[J]. Geotextiles and Geomembranes, 26(6): 512-518.

Krzywinski K, Sadowski Ł, Piechówka-Mielnik M, 2021. Engineering of composite materials made of epoxy resins modified with recycled fine aggregate[J]. Science and Engineering of Composite Materials, 28(1): 276-284.

Lai W Y, Li S J, Li Y N, et al., 2022. Air pollution and cognitive functions: Evidence from straw burning in China[J]. American Journal of Agricultural Economics, 104(1): 190-208.

Lourenco P B, Ramos L F, 2004. Characterization of cyclic behavior of dry masonry joints[J]. Journal of Structural Engineering, 130(5): 779-786.

Park H J, Kim D S, 2013. Centrifuge modelling for evaluation of seismic behaviour of stone masonry structure[J]. Soil Dynamics and Earthquake Engineering, 53: 187-195.

Rogiros I, Ioannis I, Dimos C, et al., 2014. Adobe bricks under compression: Experimental investigation and derivation of stress-strain equation[J]. Construction and building Materials, 53: 83-90.

Senthivel R, Loueence P B, 2009. Finite element modelling of deformation characteristics of historical stone masonry shear walls[J]. Engineering Structures, 31(9): 1930-1943.

Vanin F, Zaganelli D, Penna A, et al., 2017. Estimates for the stiffness, strength and drift capacity of stone masonry walls based on 123 quasi-static cyclic tests reported in the literature[J]. Bulletin of Earthquake Engineering, 15(12): 5435- 5479.

Wang T J, Hsu T T C, 2001. Nonlinear finite element analysis of concrete structures using new constitutive models[J]. Computers & Structures, 79(32): 2781-2791.

Zhang Y C, Wang Y H, Zhao N N, et al., 2016. Experimental and stress-strain equation investigation on compressive strength of raw and modified soil in Loess Plateau[J]. Advances in Materials Science and Engineering, 2016: 2681038.